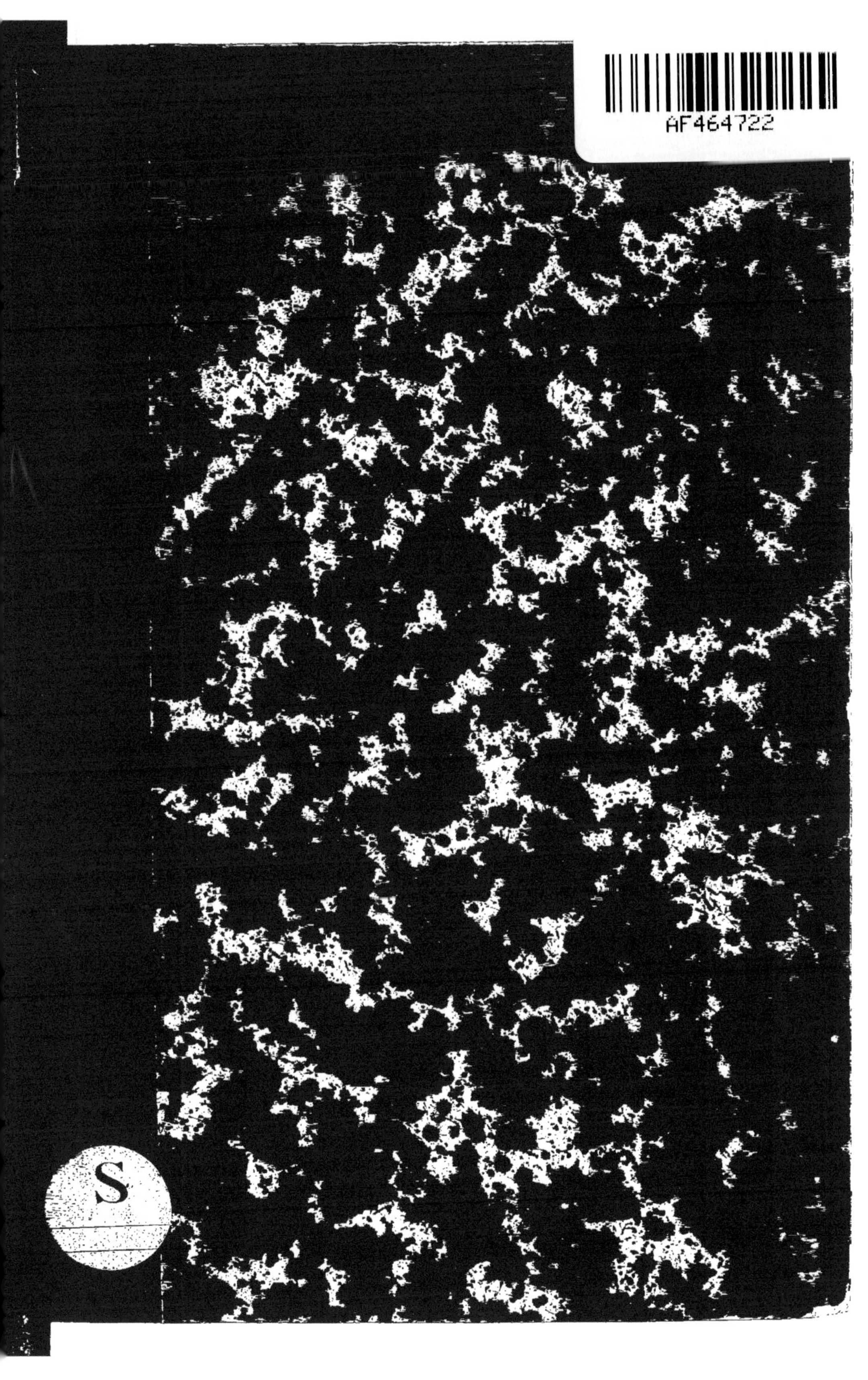

RAPPORT

SUR

L'EMPLOI DES EAUX D'ÉGOUT

DE LONDRES.

Paris. — Imprimé par E. Thunot et Cie rue Racine, 26.

RAPPORT

SUR

L'EMPLOI DES EAUX D'ÉGOUT

DE LONDRES

PAR

M. CHARLES DE FREYCINET,
INGÉNIEUR AU CORPS IMPÉRIAL DES MINES.

PUBLIÉ PAR ORDRE DE SON EXCELLENCE
M. LE MINISTRE DE L'AGRICULTURE, DU COMMERCE
ET DES TRAVAUX PUBLICS.

PARIS.
DUNOD, ÉDITEUR,
SUCCESSEUR DE V^or DALMONT,
Précédemment Carilian-Gœury et V^or Dalmont
LIBRAIRE DES CORPS IMPÉRIAUX DES PONTS ET CHAUSSÉES ET DES MINES
Quai des Augustins, 49

1867

RAPPORT

A SON EXCELLENCE M. LE MINISTRE DE L'AGRICULTURE, DU COMMERCE ET DES TRAVAUX PUBLICS

SUR

L'EMPLOI DES EAUX D'ÉGOUT

DE LONDRES.

Le présent rapport a été rédigé en exécution de la décision ministérielle du 9 juin 1866, prise sur l'avis du Comité consultatif des Arts et Manufactures.

Le rapporteur a cru devoir traiter le sujet avec quelque étendue, pensant que les renseignements qu'il était en mesure de donner pourraient offrir un certain intérêt, au moment surtout où une question semblable s'agite pour la ville de Paris. Il a réuni dans des Notes séparées, à la suite du rapport, les détails qui auraient trop chargé la rédaction, ou qui ne rentraient pas directement dans le cadre tracé. De ce nombre sont d'assez nombreux extraits de l'Acte parlementaire du 19 juin 1865, qui a constitué définitivement la Compagnie d'irrigations de Londres. Cette loi a paru d'autant plus intéressante à consulter qu'elle est la première qui ait été rendue en cette matière, et qu'elle servira sans doute de type aux concessions du même genre qui interviendront, par la suite, en Angleterre.

EXPOSÉ.

Nous nous proposons de faire connaître la solution récemment adoptée en Angleterre pour utiliser les eaux d'égout de la ville de Londres.

Notre travail sera divisé en deux parties :

Dans la première, nous indiquerons la manière dont les eaux d'égout ont été recueillies et amenées en des points éloignés de la métropole;

Dans la seconde, nous dirons comment ces eaux sont détournées avant de tomber en Tamise, et dirigées de façon à pouvoir être répandues sur les terres cultivées ou sur des sables enlevés à la mer.

Nous terminerons par quelques conclusions touchant les applications que l'exemple de Londres permet d'espérer pour la généralité des villes.

PREMIÈRE PARTIE.

DRAINAGE.

Le drainage dont il s'agit ici est celui que les Anglais nomment *main drainage* ou drainage principal, pour distinguer du drainage ordinaire ou drainage partiel, lequel a spécialement en vue le service direct des maisons et des rues. Le *main drainage*, au contraire, a pour objet la ville prise dans son ensemble. Il consiste en un petit nombre de grandes lignes, destinées à intercepter les eaux de tous les évacuateurs et à les réunir dans de vastes canaux couverts qui les transportent loin de la ville.

L'exécution du *main drainage*, à Londres, est une opération toute récente, qui touche à peine à son terme. Elle a été déterminée par l'impérieuse nécessité de préserver la Tamise des déjections qui la souillaient au sein même de la métropole, et de mettre celle-ci à l'abri des funestes effets de leur décomposition. Elle a eu pour triple résultat d'améliorer la qualité des eaux alimentaires (*), d'assécher le sol de la ville et de purifier l'atmosphère. Mais pour mieux faire saisir la destination et l'opportunité de cette grande mesure, il est nécessaire de dire quelques mots de l'état antérieur des choses.

M. Basalgette, ingénieur en chef des travaux, a indiqué, dans une publication récente, les phases historiques qu'avait subies la question de l'assainissement de Londres, jusqu'en 1856, époque où, pour la première fois, on s'est mis en devoir de réaliser pratiquement le *main drainage*. Nous renvoyons à la Note *a* ces détails qui, malgré leur intérêt, nous conduiraient trop loin de notre sujet. Nous bornant à prendre les choses en 1856, nous rappellerons qu'à cette époque, la ville était déjà à peu près pourvue d'égouts sous les rues et sous les maisons; le principe de l'évacuation souterraine des résidus domestiques et de la suppression des fosses d'aisances était universellement admis et assez généralement appliqué; en même temps les maisons s'enrichissaient d'une abondante distribution d'eaux publiques: la première moitié du problème indiqué par le *General Board of Health* était donc résolue ou sur le point de l'être. Mais tout était encore à faire pour la seconde (**).

En effet, les égouts déchargeaient directement leur contenu dans la Tamise, au milieu de la ville, et la majeure partie d'entre eux ne pouvaient se vider qu'à la marée basse. Aussi, à la marée montante, les embouchures des égouts

---

(*) On sait que Londres est alimenté par l'eau de la Tamise.

(**) Le *General Board of Health* avait en effet proclamé, en outre, la nécessité de préserver les villes des funestes effets de la décomposition de leurs résidus, en emportant ceux-ci au loin par une circulation active et continue et les faisant tourner au profit de l'agriculture.

étaient-elles fermées, et les liquides emprisonnés entre leurs parois. Les caux des parties élevées continuant à affluer, les matières lourdes se déposaient naturellement dans les parties basses et motivaient des curages aussi fréquents qu'onéreux. Quand de fortes pluies coïncidaient avec la marée haute, c'était pis encore : les égouts s'engorgeaient et les eaux impures refluaient dans l'intérieur des maisons, par les drains privés. Mais les plus grands inconvénients peut-être se produisaient dans la Tamise même, où les impuretés, tantôt abandonnées sur les berges en couches putrescibles, tantôt promenées dans la ville par le mouvement alternatif du flux et du reflux, avaient, au dire des documents officiels, souillé cette partie du fleuve à l'égal des égouts les plus empestés. Avec le développement du drainage des rues et des maisons, la situation était devenue intolérable. En 1855, les compagnies des eaux furent obligées de remonter leurs prises à Hampton-Court, et, trois ans plus tard, au moment des chaleurs de l'été, les deux chambres du Parlement durent suspendre leurs séances. A ces maux déjà si grands, s'ajoutait le manque de débouchés pour les nouveaux districts. Aussi, malgré le danger reconnu de la stagnation des ordures, on vit, en maints endroits, revivre les anciennes fosses d'aisances et les trous à fumier.

Tel était l'état des choses, lorsque fut constitué le Conseil actuel des travaux de la ville, le ***Metropolitan Board of works***, création éminemment heureuse, qui devait avoir de si grands résultats pour la salubrité publique. On ne lira peut-être pas, sans intérêt, quelques détails relatifs à sa formation : nous en avons fait l'objet de la Note *b*.

Le Conseil métropolitain entra en fonctions le 19 octobre 1855, et aussitôt après qu'il eût composé son personnel, il chargea son ingénieur en chef, M. Basalgette, de préparer d'urgence le plan définitif du *main drainage* de la ville. Ce plan, fruit des méditations de plusieurs hommes éminents,

MM. Robert Stephenson, William Cubitt, Franck Förster, Haywood, etc., qui, à diverses époques, avaient porté leur attention sur ce sujet, fut dressé, pour les parties nord et sud de la ville, aux dates respectives du 4 avril et du 23 mai suivant. Il donna lieu à une polémique longue et passionnée. Durant deux ans, le *Premier Commissaire des travaux de Sa Majesté*, sous la haute juridiction duquel le drainage de Londres était alors placé, usa de son droit de *veto* pour suspendre l'exécution du projet du Conseil et pour y substituer un contre-projet, rédigé d'ailleurs par des hommes distingués, mais auquel le Conseil, dans le sentiment de sa responsabilité, ne crut pas pouvoir se rallier. Enfin, en 1858, la situation de la Tamise étant devenue tout à fait alarmante, le nouveau Premier Commissaire, lord John Manners, prit la louable initiative de faire rapporter l'Acte qui enchaînait la liberté du Conseil métropolitain. En même temps, ce dernier fut autorisé, par Acte du 2 août, à contracter un emprunt à concurrence de 75 millions de francs, chiffre porté plus tard à 105 millions. C'est de ce jour que date véritablement la révolution sanitaire accomplie dans la capitale du Royaume-Uni. Et, depuis ce moment, on peut dire que pas une heure n'a été perdue pour la mener à bonne fin. En effet, dès le 11 du même mois, le Conseil arrêtait définitivement les bases de son œuvre future, et moins de cinq mois après, en janvier 1859, les travaux étaient commencés. Ils touchent aujourd'hui à leur terme, en sorte que huit ans environ auront suffi pour réaliser cette colossale entreprise. Nous allons en faire connaître les traits essentiels.

Les conditions fondamentales auxquelles le projet avait à satisfaire étaient les suivantes :

Intercepter la totalité des eaux d'égout ainsi que la majeure partie des eaux météoriques du bassin de Londres ;

Substituer l'écoulement continu à l'écoulement intermittent, et, par suite, supprimer toute occasion de dépôts dans les égouts;

Chosir un point de décharge tel, qu'en aucun cas, les matières livrées au fleuve ne pussent être ramenées par le reflux à proximité de la ville;

Et, pour la réalisation de cette œuvre, n'employer, s'il était possible, que les forces naturelles ou, tout au moins, ne recourir aux moteurs mécaniques que dans les cas d'absolue nécessité.

Tel est le programme qu'on s'était imposé de remplir.

Le système auquel on s'est arrêté paraît aussi simple qu'efficace (*).

La Tamise étant prise pour axe de la ville (Pl. I), celle-ci peut être envisagée comme formée de deux parties plus ou moins symétriques, l'une sur la rive nord, l'autre sur la rive sud, lesquelles doivent être desservies par des réseaux analogues et indépendants. En conséquence, trois lignes de grands collecteurs, coupant à angle droit les collecteurs déjà existants, ont été tracées dans chacune de ces deux régions, de manière à la diviser en trois zones à peu près parallèles au fleuve, lesquelles ont été respectivement nommées *étage bas*, *étage moyen* et *étage haut*. Les trois collecteurs réunissent leurs eaux dans un émissaire ou égout de décharge, *outfall sewer*, lequel les conduit dans un réservoir où elles s'accumulent jusqu'au moment fixé pour l'évacuation en rivière. Cette évacuation a lieu deux fois par jour, lorsque la marée commence à descendre, et chaque fois elle dure environ deux heures. On réalise ainsi le double avantage et d'envoyer les impuretés au sein de la plus grande masse possible de liquide, et de les faire emporter par le flot du côté opposé à la ville. On a calculé que cette dernière cir-

---

(*) Les détails qui suivent sont empruntés à la fois à une brochure de M. Basalgette, aux rapports du Conseil métropolitain des travaux, à l'enquête parlementaire de 1864 et aux renseignements que nous avons pris nous-même sur les lieux en juin et juillet 1866.

constance faisait gagner 19 kilomètres, c'est à dire que par la décharge à marée haute on se trouvait dans les mêmes conditions que si la décharge avait lieu à 19 kilomètres plus loin à marée basse.

Sur la rive nord, les collecteurs haut et moyen se réunissent à Deptford et forment, par leur confluence, la tête de l'émissaire. Celui-ci reçoit un peu plus loin, à Abbey Mills, les eaux de l'étage inférieur, lesquelles, pour s'y déverser, doivent être élevées, par des machines à vapeur, à une hauteur de 11 mètres. De là, les liquides descendent, par la pente naturelle de l'émissaire, au réservoir de Barking Creek, situé à 22 kilomètres et demi en aval de London Bridge. En tenant compte de la marée haute, ainsi que nous disions tout à l'heure, c'est donc comme si les eaux étaient déchargées à près de 42 kilomètres de ce point.

Sur la rive sud, les collecteurs se réunissent à Deptfort Creek, où le contenu du collecteur inférieur est remonté à une hauteur de 6 mètres. Les eaux se rendent ensuite, par l'émissaire, au réservoir de Crossness Point, situé un peu en aval du précédent. Mais l'émissaire du sud, plus bas que celui du nord, ne permet l'écoulement naturel qu'à la marée basse : aussi les liquides sont-ils élevés, par des pompes à feu, à une hauteur moyenne de 7 mètres, pour être écoulés à la marée haute.

La forme généralement adoptée pour les canaux est la forme circulaire, comme offrant la plus grande section pour une quantité donnée de maçonnerie. Quant aux dimensions, elles résultent de deux éléments : 1° la quantité totale de liquide à évacuer, 2° la vitesse nécessaire pour prévenir la formation des dépôts dans les galeries. En ce qui concerne ce dernier élément, on était d'avance condamné à un minimum; car, dès l'instant qu'il fallait recourir aux machines pour racheter l'insuffisance de la chute, l'économie de la pente et par suite celle de la vitesse étaient de toute nécessité. Après des expériences multipliées, on s'est arrêté au chiffre de $\frac{2}{3}$ de mètre par seconde. Pour déterminer la quantité de liquide, on a admis une moyenne de 142 litres (5 pieds cubes) par habitant et par jour, ce qui fait un total d'environ 400.000 mètres cubes, soit 285.000 mètres cubes pour la rive nord et 115.000 mètres cubes pour la rive sud. On a pris, en outre, une marge de près de 25 p. 100, en prévision de l'accroissement probable de la population, en sorte qu'on a raisonné sur un chiffre peu inférieur à 500.000 mètres cubes. Enfin il faut ajouter la quantité d'eau de pluie. On ne pouvait songer à la recueillir en totalité, car il y a des orages tels qu'en une heure de temps, le volume d'eau tombée dépasse de beaucoup celui des eaux d'égout de toute la journée (*); mais, en mettant les collecteurs à mêmes d'emporter une masse de pluie de 13 à 1.400.000 mètres cubes, en vingt-quatre heures, soit avec les eaux d'égout, 1.800.000 mètres cubes, dont 1.150.000 pour la rive nord et 650.000 pour la rive sud, on a calculé que, sauf une douzaine de jours par an, et chaque fois pendant peu d'heures, le réseau suffirait pleinement à sa destination. Quant à ces jours exeptionnels, des débouchés ont été prévus pour écouler directement les eaux à la rivière par les principales lignes de thalweg qui traversent la ville dans un sens perpendiculaire à la Tamise.

Les cinq sixièmes des travaux sont aujourd'hui terminés et le service y est en pleine activité. Seul, le collecteur bas de la rive nord est encore en construction. Commencé il y a deux ans, on espère le livrer en 1867 ; rien ne manquera dès lors au système projeté. Pour en faire apprécier toute l'importance et l'originalité, nous passerons brièvement en revue les diverses parties de ce grand ensemble.

(*) Ces quantités formidables étonnent moins quand on songe à la faible densité relative de la population de Londres, densité qui est environ le tiers de celle de Paris. Toutes choses égales d'ailleurs, le rapport des eaux pluviales aux eaux d'égout doit donc être trois fois aussi grand à Londres qu'à Paris.

Drainage du côté nord.

Collecteur de l'étage haut et Chambre à vannes. — Ce collecteur part du pied de Hampstead Hill, à l'ouest, et aboutit à Old Ford, à l'est. Son parcours est d'un peu plus de 11 kilomètres, et il dessert une surface d'environ 2.600 hectares. Il est circulaire sur la plus grande partie de sa longueur et son diamètre varie de $1^m,20$ à $3^m,40$. Ces dimensions lui permettent d'écouler les plus grosses averses de pluie. Il est construit en maçonnerie, avec une épaisseur variable de 20 à 70 centimètres. Les parties les plus remarquables sont un tunnel de 800 mètres près de Hampstead et la traversée en souterrain de la New-River et du Great-Northern-Railway. Il a coûté 5 millions. La Chambre à vannes, ***Penstock chamber***, a été établie à la jonction des collecteurs haut et moyen, à Old Ford. C'est un vaste réservoir en maçonnerie, de 45 mètres de long, 12 de large et 9 de haut, dans lequel cinq grandes vannes en fer, manœuvrées à la machine, permettent de diriger à volonté les eaux dans deux canaux supérieurs formant la tête de l'émissaire, ou, en cas de grosses pluies, dans deux canaux inférieurs débouchant à la rivière Lea, qui va droit à la Tamise. A l'état normal, ces derniers canaux sont fermés : mais, les jours de forts orages, aussitôt que le niveau du liquide dans le réservoir dépasse l'orifice des canaux supérieurs, le surplus s'échappe par cinq déversoirs et tombe dans les canaux de dessous. On peut encore, en cas d'accident, détourner, en quelques minutes, la totalité des eaux dans la rivière Lea. Par cette disposition simple et nouvelle, on est maître des trois quarts des eaux de la rive nord.

Collecteur de l'étage moyen et embranchement.—On a établi ce collecteur aussi près que possible de la Tamise, afin de réduire au minimum l'aire de l'étage bas, dont les liquides appellent le secours de la machine à vapeur. Ce collecteur part de Kensal Green et aboutit au point précédemment indiqué, après un parcours d'un peu plus de 15 kilomètres. La surface desservie est de 4.500 hectares. Afin de l'augmenter encore, on a poussé sous Piccadilly un embranchement de trois mille et quelques cents mètres. Les dimensions ne diffèrent pas d'ailleurs sensiblement de celles du collecteur du haut. On a eu seulement à vaincre des difficultés plus grandes, par suite de la configuration et de la nature du terrain. La ligne principale, sur 6 kilomètres et demi, et la branche de Piccadilly, sur toute sa longueur, sont établies en souterrain, la plupart du temps dans la *clay* (formation argileuse), à des profondeurs qui atteignent parfois 18 mètres. Le passage au-dessus du Metropolitan Railway est des plus hardis. Il s'effectue par un aqueduc en fonte, du poids de 244 tonnes et long de 45 mètres, lequel ne domine que d'une vingtaine de centimètres le haut des cheminées des locomotives, ce qui a compliqué singulièrement la construction pour que le trafic ne fût pas entravé (*).

A la rencontre du collecteur avec les principales lignes de thalweg, des moyens de décharge ont été ménagés pour le trop-plein des grosses pluies. Un de ces exutoires transversaux, celui de Ranelagh, qui traverse Hyde-Park et Kensington Gardens, a une longueur de 1.700 mètres et coûte, à lui seul, 800.000 francs. La dépense totale du collecteur s'élève à 8 millions.

Collecteur de l'étage bas et embranchements. — C'est, avons-nous dit, le seul ouvrage qui ne soit pas encore terminé. Son importance exceptionnelle et les difficultés d'exécution l'expliquent. Il se rattache au plan d'endiguement de la

(*) On a commencé par établir l'aqueduc sur une plate-forme, à $1^{m},50$ au-dessus de son niveau définitif, puis on l'a descendu doucement, tout d'une pièce, en le faisant glisser parallèlement à lui-même, au moyen de béliers hydrauliques.

Tamise, et, entre les ponts de Westminster et de Blackfriars, il fait partie de la terrasse latérale actuellement en construction. Il dessert directement une surface de 2.800 hectares ; il joue en même temps le rôle d'émissaire pour la division suburbaine de l'ouest, dont la superficie est de 3.700 hectares et dont le niveau est tellement bas que les eaux en devront être remontées à $5^{m},40$ pour atteindre la tête du collecteur. La longueur de cette artère et de ses deux branches de Hackney-Wick et de l'Isle des Dogues, dépasse 19 kilomètres : en y ajoutant les lignes de la division suburbaine, on arrive à un total de 29 kilomètres. Au delà de Blackfriars, le collecteur sera mené en souterrain à travers les quartiers les plus populeux de Londres, et il rejoindra le grand émissaire de la rive nord à la station d'Abbey Mills, dont nous parlerons tout à l'heure.

Le réseau suburbain de l'ouest, composé de la ligne principale de Chiswick et des deux branches d'Acton et de Fulham, amène ses eaux aux machines de Chelsea. Pour le moment, elles sont rejetées en rivière par les machines de Cremorne Gardens. Les travaux de cette division, aujourd'hui terminés, et qui n'attendent plus que l'achèvement du collecteur pour être mis en usage, ont rencontré des difficultés extrêmes, par suite de l'énorme quantité d'eau qui imprègne le sous-sol. Aussi la dépense s'est-elle élevée à deux millions et demi. A l'origine, le Conseil métropolitain avait eu la pensée, en vue d'éviter les frais des pompes de Chelsea, de désinfecter ou d'utiliser les eaux dans le voisinage même. Mais, sur la réclamation des habitants, le plan le plus large a prévalu, et le drainage de la métropole a été ainsi préservé de toute atteinte à son admirable unité.

Station d'Abbey Mills. — L'établissement des pompes à feu d'Abbey Mills est le plus considérable en ce genre que comprenne le drainage de Londres. Il renferme huit machines à vapeur d'une force nominale de 1.140 chevaux, desservies par 16 chaudières. Il a pour objet d'élever à 11 mètres de haut les eaux de l'étage bas, évaluées, pour les moments de maximum, au chiffre énorme de 425 mètres cubes par minute, soit plus de 27.000 mètres cubes par heure. Cet ouvrage, bien que ne fonctionnant pas encore, est aujourd'hui terminé et sa mise en activité ne dépend plus que de l'achèvement du collecteur. Les machines seules ont coûté, une fois posées, près de 1.500.000 francs. Le bâtiment est divisé en trois étages. Celui de dessous, consacré aux puits d'aspiration, recevra directement les eaux du collecteur : celles-ci tomberont dans des cages en fer, dont les grilles intercepteront tous les objets de nature à gêner l'action des pompes (*). Ces cages seront, quand il y aura lieu, remontées à la surface et débarrassées des matières qu'elles auront arrêtées au passage. L'étage du milieu contient le réservoir pour la condensation des machines. L'étage supérieur est la chambre des moteurs. C'est là que fonctionnent tous les mécanismes. Les eaux d'égout y sont relevées par les pompes dans un conduit circulaire

(*) L'enquête parlementaire de 1864, dans laquelle ont comparu les plus grands noms industriels de l'Angleterre, a levé toute espèce de doute sur l'efficacité de ce système. M. William West, représentant de la célèbre maison West et fils de Saint-Blazey, qui a érigé des pompes à vapeur dans presque tous les pays du monde, interrogé sur la possibilité pratique d'élever les eaux d'égout, a répondu que la seule précaution à prendre était de faire passer ces eaux à travers des espèces de cribles métalliques, en forme de cages ou paniers, qui puissent arrêter « les vieux chiffons, étoffes, chats, chiens et autres objets analogues, » mais que, quant à la boue charriée par les eaux « elle n'obstruait nullement les pompes, » au point que, selon lui, la présence de ces matières en suspension n'entraîne aucune augmentation de dépense. M. West en a fait très-souvent, dit-il, l'expérience dans diverses exploitations de terres argileuses où il remonte à la vapeur les eaux chargées de limon, notamment à Saint-Anstell, où le volume n'est pas moindre de 200.000 mètres cubes par an. Or, M. West n'hésite pas à déclarer que les eaux d'égout, dépouillées comme on vient de le dire, ne sont pas plus difficiles à manier que les eaux argileuses (*Report on sewage metropolis*, 1864).

en fonte et de là refoulées dans l'une des branches de l'émissaire.

La dépense annuelle de cette usine sera moindre qu'on ne le supposerait au premier abord d'après la force des machines. Les Anglais en sont arrivés à élever les eaux à très-bas prix. Avec du charbon à 25 francs la tonne, le chiffre de 1 centime par mètre cube élevé à 150 mètres de haut, ou par 150 mètres cubes élevés à 1 mètre, est aujourd'hui un prix courant dans le Royaume-Uni (*). Toutefois les frais, en charbon seulement, ne seront guère inférieurs à 250.000 francs (**). Mais, en regard de cette dépense, ainsi que du coût d'établissement, il est bon de tenir compte de l'économie qui résulte pour l'entretien des égouts : car en rendant dans ces derniers l'écoulement continu, on supprime du même coup les dépôts, et par suite les frais de curage, qui se sont élevés naguère à 750.000 francs pour une seule année.

Émissaire. — Le grand émissaire nord est l'ouvrage le plus coûteux de tout le réseau : il dépasse le chiffre de 16 millions. Son parcours n'est pourtant que de 8.800 mètres; c'est donc une dépense moyenne de près de 2 millions par kilomètre courant. La raison en est dans le grand nombre de travaux d'art qu'il a fallu effectuer pour la traversée des rivières, des chemins de fer et autres voies de communication. Pour la seule route de Stratford il a fallu

(*) L'enquête déjà citée renferme à cet égard des renseignements intéressants. Les ingénieurs et les industriels les plus autorisés s'accordent à donner les mêmes chiffres, et ils ne reculent devant aucun volume à manier ni devant aucune hauteur à franchir. Leurs pompes ont acquis un tel degré de puissance qu'elles élèvent l'eau à 60 mètres d'un seul coup de piston. Au delà de ce chiffre ils conseillent de fractionner l'ascension ou d'établir des relais.

(**) M. Basalgette fait remarquer spirituellement qu'il est heureux pour ces travaux qu'on ne les ait pas projetés en 1306, époque où le charbon minéral était tenu pour si nuisible que la noblesse de Londres obtint un édit royal qui en prohibait l'emploi.

acheter une grande quantité de terrain, afin d'élever la route sur un viaduc et de permettre ainsi à l'émissaire de continuer son cours en dessous.

L'émissaire commence, avons-nous vu, à Old Ford, à la onction des collecteurs haut et moyen ; mais il n'est réellement complet qu'à partir d'Abbey Mills, où il reçoit en plus les eaux de l'étage bas. Entre ces deux points, il consiste en deux lignes de canaux rectangulaires, de 7 mètres quarrés de section, placés côte à côte, et contenus dans un large massif en maçonnerie, dont les fondations ont dû être poussées à une grande profondeur. Ce massif a été construit de façon à pouvoir, au besoin, supporter un chemin de fer ou quelque autre grande voie publique. La rivière Lea et divers petits cours d'eau sont franchis avec des aqueducs en fonte. A la traversée sous la route de Stratford, afin de gagner le plus possible sur la hauteur, on a remplacé les deux grands conduits par quatre autres plus petits, ayant chacun $2^{m},20$ de large et $1^{m},80$ de haut.

Au delà d'Abbey Mills et jusqu'à Barking Creek, l'émissaire comprend trois canaux, un pour chaque collecteur. Toutefois, un système de vannes et de déversoirs permet de diriger à volonté les eaux dans l'un ou l'autre de ces canaux, de façon à empêcher qu'aucun d'eux ne travaille à charge forcée. Les traversées de Channelsea River et surtout des chemins de fer de North Woolwich, de Bow et de Barking ont rencontré de grandes difficultés. Il a fallu abaisser le niveau de ces derniers pour que l'aqueduc les franchisse en dessus, attendu que la faible pente uniforme de 38 centimètres par kilomètre, à laquelle on était réduit pour l'émissaire, ne permettait pas de l'accommoder aux divers niveaux des ouvrages déjà existants.

Les trois bouches de l'émissaire arrivent à Barking, perpendiculairement à la direction de la Tamise, et le long d'un des côtés du réservoir, avec lequel une communication facultative est créée au moyen de 16 ouvertures latérales. Le radier de l'émissaire est à 45 centimètres environ au-dessous de la haute mer. Mais avant d'entrer en rivière les eaux d'égout tombent par dessus un déversoir, à une profondeur de $4^{m},80$, et sont déchargées par 9 conduits situés au niveau de la marée basse et dont nous parlerons plus tard. Pour prévenir cet écoulement direct et détourner les eaux dans le réservoir, il suffit de lever les vannes qui ferment les trois bouches de l'émissaire et d'abaisser celles qui garnissent les seize ouvertures latérales. On peut ainsi, à volonté, opérer la décharge soit directement par l'émissaire, soit en passant par le réservoir, soit par les deux moyens à la fois. On a voulu ainsi se mettre à l'abri d'un accident possible du réservoir, et en même temps faire face aux abats d'eau exceptionnels, pour lesquels le réservoir seul serait insuffisant.

Réservoir de Barking Creek. — Cet ouvrage mérite une mention particulière à cause du rôle capital qu'il joue dans l'économie générale du système. C'est, du reste, une œuvre remarquable, aussi bien par son installation que par la manière simple et ingénieuse dont elle fonctionne. Son coût d'établissement s'éloigne peu de 4 millions et demi.

Le réservoir occupe une superficie de près de 4 hectares (Pl. II). Il est situé presque entièrement au-dessous du niveau général du sol. Il est recouvert par des arches en maçonnerie sur lesquelles a été étendue une couche de terre gazonnée, si bien qu'à quelque distance rien ne trahit l'existence de cet ouvrage d'art. Il est divisé en quatre compartiments indépendants, au moyen de trois murs transversaux, dirigés de l'ouest à l'est, et dont les deux plus rapprochés des extrémités, c'est-à-dire ceux qui séparent, d'une part, les compartiments 1 et 2, et, d'autre part, les compartiments 3 et 4, sont constitués par des cloisons doubles, ayant chacune $0^{m},55$ d'épaisseur, et comprenant entre elles un vide de $1^{m},20$. Ces murs s'élèvent à $4^{m},20$

au-dessus du fond, de telle sorte que si l'on suppose le liquide du réservoir atteignant la hauteur de $4^{m},20$, ces murs deviennent des espèces de déversoirs par dessus lesquels le surplus du liquide tomberait dans le vide intérieur. Les murs du réservoir, tant extérieurs qu'intérieurs, sont entièrement en maçonnerie de briques; le seuil est pavé avec de la pierre du Yorkshire; le tout est supporté par une forte assise de béton, qui, vu l'inconsistance du sol, a dû être poussée à une profondeur de 6 mètres sous le seuil. La hauteur sous arche est de 5 mètres, mais la hauteur utile, c'est-à-dire celle à laquelle peut monter le liquide, n'est, nous venons de le dire, que de $4^{m},20$. La capacité disponible est de 154.000 mètres cubes : elle a été calculée de façon à ce que, la décharge en rivière n'ayant lieu que pendant deux heures à chaque marée, les eaux d'égout pussent être accumulées le reste du temps dans le réservoir, c'est-à-dire pendant près de dix heures consécutives. Le volume débité normalement par la ville pendant cette période devant être d'environ 118.000 mètres cubes, la capacité réservée aux eaux de pluies pendant le même temps n'est que de 36 mille mètres cubes, chiffre un peu insuffisant : ce qui obligera parfois à avancer l'heure de l'écoulement en rivière. La raison de cette insuffisance vient de ce qu'au début des travaux on s'était proposé de ne pas convoyer à Barking les liquides de la division suburbaine de l'ouest, lesquels figurent dans le total pour 18 à 20 p. 100. Du reste, le réservoir est disposé de façon à ce qu'on puisse facilement l'agrandir sans y faire beaucoup plus de dépenses qu'on n'en aurait supportées à l'origine. Expliquons maintenant les agencements de ce vaste appareil.

A l'ouest du réservoir et parallèlement à l'un de ses longs côtés, les eaux d'égout arrivent par les trois branches de l'émissaire. Ces branches sont reliées entre elles par 16 conduits transversaux qui se prolongent vers le réservoir, jusqu'à l'aplomb d'une sorte de compartiment étroit, nommé *trough* (auge), ménagé entre le massif du réservoir et celui de l'émissaire. Ce compartiment a pour longueur la longueur même du réservoir ; sa largeur est de 1m,80 et sa profondeur totale de 7m,85. Son fond est situé à 2m,85 en contre-bas de celui du réservoir. Il communique avec ce dernier au moyen de 16 ouvertures pratiquées sur la longueur du mur séparatif et débouchant au niveau du seuil du réservoir. Les eaux d'égout étant, comme on a vu, empêchées pendant dix heures sur douze de s'écouler directement dans la Tamise, tombent dans le *trough*, où elles ne tardent pas à s'élever jusqu'au niveau des ouvertures du réservoir : elles pénètrent alors dans ce dernier, et tout le système s'emplit graduellement à concurrence de la capacité utile, c'est-à-dire jusqu'à la hauteur de 4m,20 dans le réservoir. A partir de ce point, le surplus des eaux s'échappe par les murs creux dont nous avons parlé tout à l'heure. Ces murs prolongés à travers le *trough*, qu'ils divisent par conséquent en compartiments correspondants à ceux du réservoir, viennent s'appuyer sur la façade opposée du *trough*, où ils rencontrent des ouvertures qui donnent issue aux eaux circulant dans l'intérieur des cloisons. Elles débouchent dans un réservoir supplémentaire nommé *special*, lequel est établi au-dessous des branches de l'émissaire et a son seuil à 2m,40 en contre-bas de celui du réservoir principal ; la longueur de ce réservoir est la même que celle du réservoir principal, sa largeur est de 13m,50 et sa hauteur sous arche de 3m,40. Indépendamment des ouvertures correspondant aux murs creux, la même façade du *trough* est pourvue, en outre, de 16 orifices établissant la communication directe entre le *trough* et le *special*, et faisant vis-à-vis à celles qui rétablissent la communication du *trough* avec le réservoir principal. En résumé, le *trough* communique à volonté par 16 orifices avec chacun des deux réservoirs, et, de plus, le réservoir principal peut communiquer avec le *special* au moyen des deux cloisons creuses qui traversent le *trough* sans communiquer avec lui. On peut dire aussi que le réservoir principal communique avec le *special*, soit par l'intermédiaire du *trough*, soit directement sans emprunter ce dernier. Enfin, pour clore cette description, disons que le *special* est en relation directe avec la Tamise par les neuf canaux auxquels nous avons fait allusion en parlant de l'émissaire, lesquels sont établis au niveau de la marée basse et poussés sous l'eau jusqu'au milieu du fleuve, afin que les impuretés soient déchargées au sein de la plus grande masse possible de liquide et dans les conditions les plus favorables à un mélange intime avec elle.

Le jeu de l'appareil est maintenant facile à saisir :

En dehors du temps consacré à l'écoulement en rivière, les communications du *trough* avec le *special* sont tenues fermées, tandis que celles du *trough* avec le réservoir principal sont ouvertes. Les eaux amenées par l'émissaire tombent dans le *trough*, et de là gagnent le réservoir où elles atteignent un niveau habituellement inférieur à celui des cloisons-déversoirs. S'il en était autrement, nous avons vu comment le *special*, agissant comme réservoir supplémentaire, y ferait face. Le moment de la vidange venu, il suffit d'ouvrir les conduits de décharge du *special* ainsi que les orifices de communication du *trough* avec le réservoir principal ; en même temps on ferme les bouches latérales de l'émissaire, de sorte que celui-ci s'écoule directement à la Tamise pendant que le réservoir se vide. Ces manœuvres s'effectuent d'une manière simple et rapide, à l'aide de vannes gouvernées du dehors.

Il est encore un point important auquel le système pourvoit : c'est le curage. On le réalise au moyen d'un canal atéral, nommé *flushing culvert*, de $1^{m},70$ de large sur $1^{m},80$ de haut, lequel s'étend parallèlement à l'émissaire, le long du côté Est du réservoir, et dont le seuil est à $1^{m},15$ en contre-haut du seuil du réservoir. Ce canal peut se remplir d'eau pure à la marée montante et communique avec chacun des compartiments par des orifices qui se démasquent à volonté. Se propose-t-on de nettoyer l'un quelconque des compartiments? Les bouches latérales de l'émissaire, correspondant à ce compartiment, restent alors fermées, pendant que les autres parties du réservoir se remplissent comme à l'ordinaire ; deux heures environ avant la basse mer, on ouvre la communication avec le *flushing* et on précipite l'eau qui est demeurée emprisonnée dans ce dernier : le flot balaie vivement le seuil du compartiment et entraîne dans le *special* et de là dans la Tamise toutes les impuretés qui le souillaient. Au besoin on peut nettoyer ainsi tous les compartiments à la fois : il suffit de fermer toutes les bouches latérales de l'émissaire et de laisser celui-ci se décharger directement dans le fleuve.

Drainage du côté sud.

Collecteurs des étages haut et moyen. — Le collecteur de Clapham et sa grande branche de Dulwich sont, à proprement parler, les collecteurs haut et moyen de la rive sud. Ils desservent à eux deux une surface de plus de 5.000 hectares et ont coûté 6 millions. On leur a donné des dimensions suffisantes pour intercepter toutes les eaux météoriques provenant des terrains environnants et pour préserver les bas quartiers soumis jusque-là aux inondations. La section du collecteur varie depuis $1^{m},35$ sur $0^{m},90$, à l'origine, jusqu'à $3^{m},15$ sur $3^{m},15$, à l'autre extrémité; la section de l'embranchement, circulaire d'abord, et au diamètre de $2^{m},10$, devient ensuite pareille à celle du collecteur. Ces deux canaux sont justaposés et réunis dans le même massif à partir de New Cross Road, jusqu'à la rivière de Deptfort Creek qui, dans les jours de grosses averses, sert à soulager l'émissaire en écoulant directement une partie des eaux dans la Tamise. A cet effet chacun des deux collecteurs est pourvu de deux vannes mobiles situées l'une au-dessus de l'autre : la vanne inférieure est habituellement fermée et se comporte alors comme un barrage par dessus lequel l'eau s'échappe et entre dans un aqueduc formé de 4 tubes métalliques de $1^m,50$ de diamètre chacun, lesquels servent à conduire les eaux sous Deptford Creek jusqu'à l'émissaire. Quand l'abondance des liquides dépasse une certaine limite, on ouvre plus ou moins la vanne inférieure, qui donne ainsi une libre issue dans la rivière. Au besoin, on peut par ce moyen interdire entièrement l'accès dans l'aqueduc et détourner toute l'eau en Tamise. A ces deux grandes lignes se rattachent quelques embranchements secondaires qui n'offrent rien de particulier. La principale difficulté des travaux s'est concentrée sur la ligne de Dulwich, qui, en certains points, est enterrée à 15 mètres de profondeur dans un sol éminemment ébouleux.

Collecteur de l'étage bas. — Ce canal, d'environ 16 kilomètres de long, commence à Putney et draine une surface de 5.000 hectares, dont la plus grande partie est au-dessous du niveau de la haute marée, parfois même de $1^m,50$ à $1^m,80$ en contre-bas. C'est un ancien lit de la Tamise. Les anciens égouts y ont naturellement très-peu de pente, en sorte qu'après de longues pluies ils étaient insuffisants pour le dégorgement à la basse mer : de là, stagnation continuelle de liquides impurs, envahissement des caves, odeurs pestilentielles etc. Les statistiques mortuaires montrent que ces quartiers étaient décimés par les épidémies. Cette situation a appelé les méditations des plus grands ingénieurs de l'Angleterre. Elle a inspiré à Robert Stephenson et à William Cubitt le fameux projet dans lequel ces hommes éminents s'engageaient à obtenir, au moyen de pompes à vapeur, le même résultat qu'en élevant de 6 mètres le sol de tout le district. Cette solution qui causa au début tant de surprise, est justement celle qui a fini, avec raison, par prévaloir, et c'est elle que le Conseil métropolitain vient tout récemment de réaliser.

Le collecteur ainsi construit consiste en un conduit circulaire de 1m,20 de diamètre, à l'origine, lequel se bifurque ultérieurement en deux canaux rectangulaires dont la section variable atteint 4m,50 à l'autre extrémité. Il recueille la branche Bermondsey, d'un peu plus de 4 kilomètres, qui dessert les quartiers les plus voisins de la Tamise. On a éprouvé de grandes difficultés pour passer sous le Greenwich Railway ainsi que sous Deptford Creek, à cause de l'énorme quantité d'eau qu'il a fallu épuiser et qui a été, par moments, de 2.000 mètres cubes à l'heure. L'ensemble des travaux de cet étage a coûté près de 8 millions.

Station de Deptford. — Les collecteurs se réunissent à Deptford, un peu au delà de Deptford Creek, où commence l'émissaire de la rive sud. Les eaux de la région supérieure s'écoulent par la seule gravitation; celles de la région inférieure ou de l'étage bas doivent, comme nous avons vu, être remontées à 5m,40. Quatre machines à vapeur, de la force de 125 chevaux chacune, sont affectées à ce travail. Au besoin, marchant ensemble, elles peuvent élever 5 mètres cubes à la seconde, ou 18.000 mètres cubes à l'heure. Les eaux sont déchargées par les pompes dans un aqueduc en fonte, situé au niveau de l'émissaire, et qui est également en relation avec le canal d'amenée des liquides de l'étage supérieur. Au bas des pompes, des grilles sont interposées pour arrêter les substances pouvant nuire aux mécanismes. L'édifice, avec ses dépendances, a coûté 2.750.000 francs et les machines 700.000 francs, soit en tout, pour la station, environ 3 millions et demi.

Emissaire. — C'est une œuvre très-considérable dont la dépense s'est élevée à près de 8 millions. L'émissaire consiste en un canal circulaire en maçonnerie, de 3m,50 de diamètre, qui part de Deptford, passe sous Greenwich et Woolwich, et aboutit à Crossness Point, à 3 kilomètres en aval de Barking Creek, après un parcours de 12 kilomètres. Les difficultés de construction ont été grandes. La profondeur moyenne sous le sol est de 5 mètres, mais sous Woolwich il a fallu descendre à 15 mètres et même, en certains points, à 23 mètres. Vers Crossness, on a eu à lutter contre un obstacle d'un autre genre, contre les eaux recélées par les terrains d'Erith Marshes, lesquels faisaient autrefois partie du lit de la Tamise. A son arrivée à Crossness, l'émissaire se comporte d'une manière analogue à celle de l'émissaire nord, c'est-à-dire que les eaux peuvent, à volonté, être évacuées directement à la Tamise, ou être détournées dans le réservoir. Il est à remarquer toutefois que le radier de l'émissaire, à son embouchure, étant de $2^{m},75$ au-dessous des eaux, la décharge directe en rivière ne peut guère avoir lieu qu'à la marée basse, ce qui, avons-nous vu, a le grand inconvénient de faire revenir les impuretés vers Londres sous l'influence du flot ascendant. Aussi n'use-t-on de ce moyen que dans le cas d'absolue nécessité et emploie-t-on exclusivement, à l'ordinaire, l'évacuation par le réservoir, à l'aide d'une batterie de machines qui rachète l'insuffisance des niveaux.

Réservoir et pompes à feu de Crossness. — Ce réservoir est situé au même niveau que celui de la rive nord. Il est, comme lui, destiné à retenir les liquides, sauf pendant les deux heures d'écoulement à la marée haute. Les machines au nombre de 4, de 125 chevaux chacune, interposées entre le réservoirs et l'émissaire, prennent les eaux dans les puits d'aspiration et leur font franchir un saut dont l'amplitude varie de 3 à 9 mètres, selon la hauteur des eaux dans l'émissaire et dans le réservoir lui-même. Ce que nous avons dit du réservoir du nord nous dispense d'entrer ici dans de plus longs détails : on aperçoit sans peine comment les choses doivent se passer. Bornons-nous à mentionner la superficie du réservoir, qui est de

2 hectares,0, et la capacité utile, qui est de 114.000 mètres cubes : on voit qu'elle est relativement bien plus considérable que celle du réservoir nord. Les fondations ont été très-onéreuses, à cause de la nature du terrain : elles ont dû être poussées à près de 8 mètres de profondeur. Afin de restreindre les frais le plus possible, on a eu soin de réunir dans le même massif vertical les canaux pratiqués à divers niveaux. C'est ainsi que l'aqueduc allant de l'émissaire aux puits d'aspiration, lequel est le plus bas, supporte les aqueducs qui communiquent du réservoir à la Tamise, et ces derniers, à leur tour, supportent ceux qui vont des pompes au réservoir. Nonobstant cette combinaison, la construction du réservoir et du bâtiment des machines, non compris l'achat de ces dernières, n'en a pas moins coûté plus de 7 millions et demi.

Tel est, dans ses traits généraux, le système qui fonctionne aujourd'hui dans la capitale du Royaume-Uni, et qui l'a mise pour toujours à l'abri des maux sans nombre qu'enfantait le voisinage des matières corrompues. Ce système, qui comprend 132 kilomètres de grands canaux couverts, quatre établissements de pompes à vapeur, 2.380 chevaux de force, deux immenses réservoirs, aura coûté huit ans de travaux, précédés de dix ans de luttes et d'efforts, et 105 millions de francs (*). Mais, quelque grand qu'ait été le sacrifice, on le trouvera encore léger si on le met en balance des immenses avantages qu'en retire pour son bien-être une population de près de 4 millions d'âmes. L'atmosphère de Londres s'est purifiée et éclaircie, le sol est devenu plus sec, le fleuve a repris de sa limpidité, et déjà les statistiques constatent que, dans les quartiers bas surtout, la mortalité diminue (**). Aussi, les habitants

(*) C'est à peu près 800.000 francs par kilomètre de canal, tout compris.

(**) Nul doute que si l'épidémie cholérique de 1866 a été si peu

acquittent-ils avec joie la taxe annuelle de 3 deniers par livre (*), qui est destinée à servir les intérêts de la dette et à l'éteindre au bout de quarante ans.

DEUXIÈME PARTIE.

EMPLOI DES EAUX D'ÉGOUT.

La solution que nous venons d'indiquer n'était pas complète, en ce sens qu'on n'avait tenu compte jusque-là que d'un côté de la question : la salubrité publique. Mais il existait un autre point de vue, non moins important : celui de l'intérêt agricole. Devait-on perdre sans retour les matières fertilisantes contenues dans les eaux d'égout? Devait-on gaspiller ainsi une richesse considérable? Devait-on, ce qui est plus grave encore que le sacrifice immédiat de plusieurs millions, enlever graduellement au sol les éléments nécessaires à la production, éléments dont la valeur s'accroîtrait sans limites, si la terre continuait de plus en plus à s'appauvrir? Telles sont les questions qu'on s'est posées en Angleterre, non-seulement pour la ville de Londres, mais d'une manière générale pour tout centre de population. A ces questions, l'opinion publique a répondu d'une voix unanime : « Non, les « matières fertilisantes ne doivent point être perdues pour « la production. Non, elles ne doivent point être abandon- « nées à la mer ; mais elles doivent faire retour au sol d'où « elles émanent et contribuer ainsi à la prospérité géné- « rale. »

Quant à la valeur même des eaux d'égout, estimées commercialement, les appréciations ont beaucoup varié. Les plus modérés la fixent à 5 centimes le mètre cube, rendu

---

meurtrière à Londres, on n'en soit redevable en grande partie à l'exécution du *main drainage*.

(*) Soit 1f,20 par 100 francs de matière imposable.

aux lieux d'arrosage, tandis que certains ne craignent pas d'aller jusqu'à 30 centimes. Pour une ville comme Londres, qui évacue 400.000 mètres cubes de liquides par jour, ces chiffres correspondent respectivement à 7 millions et 45 millions de francs (Note *c*). La raison d'aussi grandes divergences tient à ce qu'on ne se place pas au même point de vue quand on fait cette évaluation. Les uns supposent en effet que l'eau d'égout est employée à la convenance du cultivateur, c'est-à-dire au moment et dans la proportion qu'il lui plaît; les autres, au contraire, qu'elle est répandue sur les terres en proportion quelconque et en toute saison, de manière à satisfaire avant tout aux exigences de la salubrité. Or, s'il est une vérité qui ait été mise hors de doute, par toutes les enquêtes qui se sont succédées sur la question, c'est précisément que la valeur commerciale de l'eau d'égout varie beaucoup, on peut presque dire, du tout au tout, selon qu'elle est employée de la première façon ou de la seconde. Cette valeur, presque nulle dans un cas, peut s'élever à 20 centimes et au delà dans l'autre cas (*). Mais si les évaluations ont différé, tout le monde, disons-nous, a été d'accord pour reconnaître qu'il y avait

(*) Pour M. Lawes, prendre l'eau d'égout quand et comme on veut ou la recevoir tout le long de l'année et comme elle vient, c'est une différence de plus du simple au quadruple. « J'aimerais « mieux, dit-il, donner 2 deniers (20 centimes) par tonne dans un « cas que 1/2 denier (5 centimes) dans l'autre. » (Enquête de 1864.) Divers agriculteurs, entendus dans l'enquête de 1864 ou dans celle de 1865, ne sont pas moins explicites. M. Archibald Campbell, après avoir accepté le chiffre de 2 deniers par tonne, ajoute : « Si j'étais « forcé de prendre une grande quantité d'eau d'égout toute l'année, « cela ne me conviendrait pas : si je le faisais, je ne voudrais pas « la payer plus d'un farthing (1/4 denier) à 1/2 denier la tonne. » (Enquête de 1865.) M. Frédéric Wagstaff « consentira bien, dit-il, « à payer l'eau d'égout de Londres 2 deniers, mais en supposant « qu'il puisse la prendre au moment même où elle lui serait le plus « utile, et en telle quantité que de besoin, et non aux autres épo- « ques de l'année » (même enquête); et ainsi de suite des autres témoins entendus.

là une richesse réelle, et qu'il était d'une impérieuse nécessité de l'utiliser. Telle a été l'origine de la seconde solution, que nous avons maintenant à faire connaître.

Nous ne retracerons pas l'histoire, si intéressante cependant, des phases qu'a subies l'étude du problème dans ces dernières années. Il est peu de sujets qui aient autant remué l'opinion publique et qui aient provoqué plus de travaux. Le Parlement l'a pris en main : il l'a soumis à une enquête qui n'a pas duré moins de quatre années (de 1862 à 1865), et où tous les avis ont été appelés à se produire, tandis qu'une série d'expériences pratiques se poursuivait à Rugby, sous l'œil d'une commission composée des hommes les plus compétents (*). De ce vaste ensemble de recherches sont sortis de précieux enseignements. Nous ne retenons ici que les conclusions générales, qui ont inspiré le projet d'irrigations actuel. Nous les citons textuellement, telles qu'elles sont consignées aux documents officiels (**).

« Il ne peut y avoir de doute sur les dommages qui ré-
« sultent de la pratique généralement suivie de décharger
« les liquides d'égout et autres résidus aux rivières où les
« populations viennent s'alimenter. Ces liquides sont en
« outre une cause de mort pour le poisson et diminuent
« ainsi considérablement les moyens de subsistance des
« habitants.

« Il a été décidé que l'envoi de ces liquides aux cours
« d'eau constitue une atteinte au droit commun.

« Il est d'absolue nécessité qu'une telle pratique cesse.

« On n'a découvert aucun moyen artificiel efficace pour

(*) Cette commission, dont les travaux ont commencé en 1861, était, en mars 1865, ainsi composée : Lord Essex, M. Robert Rawlinson, le professeur Thomas Way, M. G. B. Law, le docteur John Simon.

(**) Voir les enquêtes de 1862 sur les eaux d'égout des villes, ainsi que les rapports de la commission d'expériences de Rugby. Voir surtout le *Report from the select committee on sewage (metropolis)*, 1864.

« rendre potable ou pour approprier aux usages culinaires « l'eau qui a été une fois souillée par les liquides d'égout. « Les procédés connus, mécaniques ou chimiques, ne peu- « vent produire qu'une désinfection partielle : une telle eau « est toujours susceptible d'entrer de nouveau en putréfac- « tion. L'eau qui à l'œil paraît le mieux purifiée, par filtra- « tion ou autrement, peut, sous certaines conditions, en- « gendrer des épidémies graves au sein des populations « qui en font usage. Au contraire, le sol et les racines des « plantes à végétation active ont un grand pouvoir pour « débarrasser rapidement les eaux d'égout des impuretés « qu'elles contiennent et pour les rendre désormais tout à « fait inoffensives. La seule alternative qui reste donc est « de répandre les liquides d'égout sur les terres.

« Il est non-seulement possible de les utiliser en les ame- « nant dans la campagne par un système de tuyaux et de « conduites, mais même une telle entreprise peut devenir « une source de bénéfices pour les villes qui disposent ainsi « de leurs résidus.

« Ce bénéfice peut, en quelques années, augmenter con- « sidérablement : car déjà aujourd'hui, la quantité d'engrais « artificiels est insuffisante et les sources des plus importants « seront bientôt épuisées. Il faut donc recourir à des moyens « nouveaux pour fertiliser les terres.

« Le drainage de la métropole réclame comme complé- « ment, dans le plus bref délai possible, l'adoption d'un « système qui puisse convertir un élément nuisible en une « source permanente de fertilité. »

Ainsi la solution à intervenir était marquée d'avance dans son trait essentiel : elle devait consister dans l'emploi des eaux d'égout, *à l'état naturel*, pour l'arrosage des terres cultivées (*).

(*) L'emploi des eaux *à l'état naturel* est un des points les plus fermement établis en Angleterre, L'intérêt de la salubrité publi-

Le principe de l'irrigation admis, un grand nombre de

---

que et l'intérêt agricole se sont montrés d'accord pour proscrire absolument tout mode de préparation préalable des liquides. La séparation des matières fertilisantes, obtenue par voie mécanique ou chimique, constitue à la fois, selon nos voisins, une manière moins économique d'utiliser les eaux et un procédé moins efficace d'assainissement. Déjà, avant l'enquête dont nous nous occupons plus spécialement ici, les docteurs Franckland et Hoffmann, appelés, en 1859, à formuler leur avis sur le traitement chimique des eaux d'égout, avis basé sur les plus larges expériences faites pour le compte de la ville de Londres, avaient déclaré que les opérations de cette espèce doivent être conduites aussi loin que possible des districts populeux ; « car, disaient-ils, les matières une fois séparées « des eaux, même désinfectées, passent rapidement, dans les temps « chauds, à un état de putréfaction active.... La tendance putres- « cible des matières séparées rend leur rapide enlèvement de la « plus haute importance, surtout pendant l'été. Le travail de la « fermentation, une fois commencé, ne peut plus être arrêté que « par des masses de désinfectants pratiquement impossibles. » (Rapport au Conseil métropolitain des travaux.)

Devant le Comité d'enquête de 1862 *on sewage of towns*, le docteur Hoffmann a été plus affirmatif encore. « Il résulte, dit-il, « de nos expériences que tous les plans conçus pour utiliser les « eaux d'égout, excepté celui qui consiste à les employer en irri- « gations, portent en eux-mêmes la preuve de leur impraticabilité. »

« Les méthodes de précipitation des eaux d'égout, dit le profes- « seur E. Way, n'ont jamais donné des résultats qui payent la « somme dépensée... C'est une erreur d'opérer la séparation des « eaux d'égout en deux parties. » (Même enquête.) « Mon opinion, « dit le docteur Franckland, est que la seule méthode pour employer « les eaux d'égout considérées comme engrais, c'est de les appli- « quer directement sur les terres, avec ou sans désinfection préa- « lable, mais, s'il est possible, sans désinfection. » (Même enquête.) Selon M. Lawes, « l'emploi de l'eau d'égout à l'état naturel est « la meilleure manière de l'appliquer aux terres. » (Enquête de 1865.) « L'engrais des villes, dit le docteur Odling, doit être ap- « pliqué aux terres en l'état où il existe dans les égouts. » (Même enquête.) « Pour les convertir (les éléments fertilisants des eaux « d'égout) en matière solide, dit le baron Liebig, il faut une dé- « pense supérieure à la valeur qu'on en retirerait pour la produc- « tion. L'application de l'eau d'égout sur les terres offre véritable- « ment le seul moyen d'utiliser les matières fertilisantes qu'elle « contient. » (Lettre au lord maire de Londres, du 19 janvier 1865.)

Les faits, du moins en Angleterre, ont confirmé ces appréciations : car partout où l'on a cherché à séparer les matières fertilisantes

projets ont été mis en avant, en vue de la réaliser (*). Le Conseil métropolitain, naturellement saisi de la question, en confia l'examen à un comité de vingt et un membres, présidé par M. J. Thwaites, avec mission d'étudier sur les lieux les principales applications d'eaux d'égout actuellement en cours en Angleterre. Le comité visita Rugby, Croydon, Carlisle, Edimbourg, et fournit un rapport fort intéressant, dont nous donnons des extraits à la Note *d*, à la suite duquel le Conseil se décida en faveur du projet de MM. W. Napier et W. Hope, tendant à l'utilisation des eaux d'égout de la rive nord. Le Parlement, qui avait à prononcer en dernier ressort, nomma, en 1865, un comité d'enquête, qui, à la date du 30 mars, déposa un rapport dont la conclusion est celle-ci : « Votre comité est d'avis que le projet qui lui a été « soumis constitue un mode avantageux et profitable d'em- « ployer l'eau d'égout de la partie nord de la métropole, « et il n'a pas de raison de penser qu'aucun autre projet « plus avantageux ou plus profitable puisse être conçu. » En conséquence de cette haute approbation, un acte législatif intervint, le 19 juin 1865, en vertu duquel la Compa-

contenues dans les eaux d'égout, on a reconnu que le résultat obtenu était déplorable au point de vue commercial, en même temps qu'on avait créé aux portes des villes un foyer permanent d'infection. Sur les rares points où de semblables procédés sont encore en vigueur, on en donne pour raisons une installation toute faite et la difficulté qu'offrirait le terrain à la création économique d'irrigations agricoles. Mais l'opinion n'en est pas moins définitivement fixée à cet égard, et, aujourd'hui, dans le Royaume-Uni, on n'admettrait pas plus la discussion sur ce point que sur la question de savoir s'il y a lieu de revenir aux anciennes fosses d'aisance. Ce sont des débats qui, pour les Anglais, sont jugés sans appel.

(*) Voici les noms des auteurs des principaux projets : Dr. Thudichum; M. D. Curwood; Lord Torrington, Sir C. Fox et M. Hunt; M. John James Moore; *London sewage utilization Company;* M. Shepherd; M. C. F. Kirkman; M. T. Ellis; Hon. W. Napier et M. W. Hope.

Nous croyons inutile d'analyser ces projets qui à l'exception du dernier, n'ont plus qu'un intérêt historique.

gnie du *Metropolis sewage and Essex reclamation*, exécutrice de l'œuvre de MM. Napier et Hope, fut définitivement constituée. Les travaux, commencés il y a quelques mois, sont aujourd'hui poussés avec une grande activité. Ainsi, la pensée hardie d'utiliser les déjections de la grande cité, regardée naguère encore comme une utopie, est désormais sortie du domaine de la théorie et sera bientôt passée à l'état de fait accompli.

Sur la rive sud, la solution est moins avancée, mais elle ne saurait se faire attendre. Déjà, plusieurs propositions ont été faites au conseil métropolitain (*) : il les examine en ce moment, et tout porte à croire qu'en 1867 une décision sera prise. Nous croyons savoir que MM. W. Napier et Hope se sont mis, en dernier lieu, sur les rangs, et qu'ils espèrent obtenir du Parlement un acte de concession dans la prochaine session. L'expérience qu'ils ont acquise sur la rive nord les rend plus aptes que personne à mener à bien l'entreprise de la rive sud.

Examinons le plan de la Compagnie du *Metropolis sewage*.

Cette Compagnie se propose un double but :

1° Arroser des terres actuellement en culture;

2° Reprendre sur la mer des plages de sable stériles et les fertiliser en y déversant le surplus des eaux.

Cette dualité d'opérations a une extrême importance. Elle constitue le trait original du plan de MM. Napier et Hope, et elle en établit la supériorité sur ceux de tous leurs rivaux. C'est elle, en effet, comme nous le verrons plus tard, qui donne la garantie du bon emploi des eaux *en tous temps* et qui, par suite, en assure la valeur, puisque, avons-nous dit, l'eau d'égout n'a sa vraie valeur qu'à la condition fondamentale qu'on en fasse usage selon les

(*) Notamment par MM. Rigby Wason, Georges Shepherd, C. F. Kirkman, B. Smith, Th. Ellis, etc.

convenances de la culture, et non selon les exigences de la salubrité. Or la première objection que fait naître toute entreprise d'irrigation par l'eau d'égout, c'est précisément qu'on est exposé à ne pouvoir respecter les convenances de la culture, à moins de se résigner d'avance à perdre une grande partie de l'eau disponible : car, à certaines époques de l'année, l'état de la végétation ou les circonstances atmosphériques ne permettent pas aux agriculteurs de recevoir l'engrais liquide, sans parler même de la répugnance que plusieurs d'entre eux peuvent éprouver à se servir d'une eau dont ils n'apprécient pas encore tous les bons effets. Mais, d'un autre côté, le flot de la ville ne souffre point d'arrêt, c'est une source toujours ouverte, d'autant plus abondante même, que la saison est plus humide et que, par suite, les terres sont moins aptes à l'absorber. On paraît donc placé dans l'alternative ou de perdre à la mer une partie des liquides fertilisants, ou d'imposer aux agriculteurs l'obligation de les employer à toute époque et en quantité indéterminée ; deux solutions également défectueuses : la première, parce qu'elle est incomplète, la seconde, puisqu'elle compromet gravement la valeur commerciale de l'engrais. En outre, circonstance qui ici compliquait encore le problème, on n'aurait pas vu de bon œil en Angleterre une société qui n'aurait pas admis le public à user de l'eau d'égout. Il fallait donc trouver une combinaison qui, tout en laissant aux agriculteurs la faculté de profiter à leur convenance du nouvel engrais, permît cependant de se passer au besoin de leur concours, de telle façon que, quelle que fût leur participation, le bon emploi de l'eau fût toujours assuré.

Telle est la pensée fondamentale du projet de MM. Hope et Napier ; telles sont les conditions complexes auxquelles ils ont satisfait pleinement, comme nous le verrons, au moyen de la dualité d'opération que nous signalions tout à l'heure.

L'ensemble des travaux peut être divisé en deux groupes distincts, qui correspondent précisément à ces deux ordres d'opérations, savoir : 1° les canaux d'amenée des eaux, avec leurs accessoires, ayant pour objet l'arrosage des terres cultivées ; 2° les travaux d'endiguement, de desséchement et autres, ayant pour objet la conquête et la fertilisation des sables destinés à recevoir le surplus des eaux. Nous décrirons successivement chacun de ces deux groupes, en expliquant en même temps les pratiques agricoles qui s'y rattachent (*).

1° *Arrosage des terres cultivées.*

Aqueduc de dérivation. — Les eaux d'égout de la métropole sont dérivées à Barking Creek (**), au moyen d'un grand aqueduc en maçonnerie, construit sur le modèle de l'émissaire de la rive nord. Il est de forme circulaire, au diamètre de 3 mètres, et repose sur une solide base en béton. Il s'embranche sur les ouvrages de la ville en deux endroits : 1° sur l'émissaire même, de façon à prendre les eaux immédiatement avant leur entrée dans le réservoir et à un niveau de $0^m,45$ au-dessous de la haute mer ; 2° sur le bassin de sortie que nous avons nommé le *special*, à un niveau de $4^m,95$ au-dessous du précédent, ou de $5^m,40$ au-dessous de la marée haute ; cette dernière prise est ménagée en vue des averses.

(*) Les plans de ces travaux sont dus à deux ingénieurs en renom, MM. Bateman et Hemans. Ils sont exécutés, sous leur direction, par un jeune et habile ingénieur, M. Tancred. Nous devons des remerciements particuliers à MM. Hemans et Tancred qui, non-seulement, nous ont fourni de nombreux renseignements, mais ont bien voulu nous faire visiter eux-mêmes leurs travaux.

(**) Et non à Abbey Mills, comme on l'a dit par erreur dans diverses publications. Il avait été question, à l'origine, de cette dérivation, mais on y a renoncé. Du reste les grands traits du projet ont varié jusqu'au moment de l'exécution, il y a seulement quelques mois ; on ne sera donc pas surpris des divergences assez considérables qui existent entre le présent rapport et les publications antérieures.

En temps ordinaire c'est la première seule qui fonctionne et qui doit détourner la totalité des liquides; mais, lorsque les égouts charrient des torrents d'eaux pluviales, on la ferme pour laisser le flot s'écouler à la Tamise et on recueille alors, par la prise inférieure, l'eau d'égout que contient le réservoir. L'aqueduc se dirige de l'ouest à l'est, à peu près parallèlement à la Tamise, et aboutit à la mer du Nord, au sud des bouches du Crouch, après un parcours d'environ 70 kilomètres. Vers le 40ᵉ kilomètre, une branche d'une trentaine de kilomètres, projetée pour un avenir encore lointain, se détache vers le nord-est, traverse le Crouch et se jette à la mer au-dessus de cette rivière. L'exécution de cette branche, qui a pour but, comme la ligne principale, d'arroser des terres en culture et de conquérir une nouvelle aire de sables sur la mer, est naturellement subordonnée au développement que prendront les irrigations.

Dans le tracé du canal, on n'a pas eu seulement en vue d'amener les eaux aux sables du littoral dans les meilleures conditions possibles; mais il a fallu aussi pourvoir à l'arrosage économique des terrains situés sur le parcours. Dès lors, il fallait se maintenir à une certaine hauteur au-dessus du sol, sous peine que la question se trouvât compliquée d'une élévation mécanique des eaux chez chacun des futurs consommateurs. Les concessionnaires ont, dès l'abord, compris que le seul moyen de populariser l'engrais, c'était de le délivrer sans frais accessoires ni embarras d'aucune sorte, par conséquent coulant librement à la surface du sol, ou même *en pression* pour ceux qui voudraient en user à la lance; en un mot, d'opérer, comme on dit, le service *par voie de gravitation*. Les terres qu'on avait en vue de desservir devaient elles-mêmes occuper un certain étage, pour que l'écoulement s'y fît bien : sans quoi l'eau d'égout était destinée à y produire plus de mal que de bien. Enfin, il fallait dans l'aqueduc une certaine inclinaison pour prévenir le dépôt des parties boueuses. D'après les expériences faites à l'occasion du drainage de Londres et d'après les propres observations de MM. Bateman et Hemans, on s'est arrêté à une pente de 20 centimètres par kilomètre. En tenant compte de ces diverses circonstances, ainsi que de la nécessité d'arriver sur les sables à une certaine cote au-dessus de la basse mer, afin d'assurer le dessèchement, on a été conduit à élever artificiellement la dérivation de près de 20 mètres, c'est-à-dire à faire franchir aux eaux cette hauteur au moyen de machines à vapeur. La réussite pratique de ce procédé, après les œuvres du Conseil métropolitain, ne pouvait être mise en doute; et, quant à la dépense, il était permis de prévoir qu'en ce qui concerne le pompage proprement dit, les frais ne dépasseraient pas 300.000 fr. par an. On a donc décidé la création de deux stations de pompes, l'une à 5.600 mètres de Barking, devant faire franchir aux eaux un saut de 9 mètres, et l'autre à 6.400 mètres plus loin, devant leur faire franchir un saut de $10^{m},50$. L'aqueduc est, par conséquent, interrompu à chacun de ces deux points, et se poursuit, au delà, à un niveau plus élevé. Grâce à ces pompes, on calcule que la surface, à droite et à gauche du canal et de la branche du nord, qui pourrait être arrosée par gravitation, et qui est cependant à un niveau assez élevé pour que l'assèchement en soit bien assuré, on calcule, disons-nous, que cette surface n'a pas moins de 42.000 hectares (*).

(*) Elle paraît plus que suffisante pour absorber le liquide qui lui est destiné, car si l'on admet que les 100 millions de mètres cubes de la rive nord se partageront par moitié entre cette surface et les sables du littoral, le contingent par hectare ressort seulement à 1.200 mètres cubes, ce qui est très-faible. Mais il faut tenir compte de ce que les propriétés qui recevront le nouvel engrais seront très-loin de s'arroser en totalité : une partie seulement des terrains, celle affectée plus spécialement à certains herbages, recevra sans doute l'eau d'égout. Il faut donc prévoir une zone d'arrosage beaucoup plus vaste que celle qui suffirait théoriquement. A ce point de vue, le chiffre de 42.000 hectares peut même être trop

L'aqueduc, sur la moitié environ de son parcours, est enterré dans le sol. Sur l'autre moitié, il domine plus ou moins le terrain et est alors renfermé dans un remblai semblable à ceux des chemins de fer, dont la hauteur moyenne est de 5 mètres. Sur quelques points, pour la traversée d'étroites vallées, cette hauteur s'élève jusqu'à 10 mètres. En deux endroits, le remblai est remplacé par des arches en maçonnerie. Diverses routes sont franchies à l'aide de tuyaux en fonte, et la branche projetée au delà du Crouch devra, quand le moment sera venu, passer en syphon sous la rivière, afin de ne pas intercepter la navigation. Il est à peine besoin d'ajouter que des passages, en dessus ou en dessous de l'aqueduc, sont prévus pour les besoins de la propriété privée ou pour les chemins publics. Tous les 200 mètres, une sorte de trou d'homme est ménagé dans la couronne de l'aqueduc; ce trou est fermé par une plaque en fonte mobile et sert à la prise de l'engrais. Dans les portions où l'aqueduc domine le sol, c'est-à-dire pour les 42.000 hectares dont nous avons parlé, il suffira d'introduire dans le trou l'embouchure d'un syphon disposé *ad hoc* par la Compagnie, et l'eau d'égout coulera librement à la surface. Dans les autres portions, où le sol est au contraire plus élevé que

---

faible. Mais il serait facile, si besoin était, de l'augmenter plus tard, au moyen de branches supplémentaires et de nouvelles stations de pompes. M. Hemans estime qu'en poussant, par exemple, un aqueduc vers le faîte qui sépare la vallée du Crouch de celle de la Tamise on gagnerait aisément 20.000 hectares. Il paraît acquis en tout cas, qu'en élevant les eaux à une douzaine de mètres au-dessus du niveau actuellement prévu, on porterait la surface à 80.000 hectares. Il se pourrait même qu'on fût conduit à l'accroître encore au delà de ces limites : car rien n'indique que la Compagnie ne vendra pas un jour, sur le parcours, la presque totalité de l'engrais. C'est alors 150.000 hectares qu'il faudra peut-être trouver. Mais la configuration du pays le permet; il suffirait de s'étendre vers Chelmsford, à la cote de 50 ou 60 mètres. Pour le moment on s'en tient au chiffre, déjà considérable, de 42.000 hectares, et on laisse à l'avenir le soin d'élargir le cadre.

l'aqueduc, le cultivateur ajustera le tuyau de la pompe locomobile qui commence à se populariser dans les fermes anglaises, et aspirera ainsi le liquide. Toutefois, il ne faut pas se faire illusion; cette dernière pratique sera lente à se répandre, et les concessionnaires ne comptent réellement, pour la vente en grand, que sur la première.

Pour mener à bien son entreprise, la Compagnie du *metropolis sewage* a reçu de la loi de grands pouvoirs. Elle jouit notamment de deux prérogatives capitales : l'une, qui consiste à mener à travers la propriété privée le grand canal de dérivation et sa branche du nord, c'est-à-dire à exproprier pour cause d'utilité publique les terrains nécessaires à l'établissement et à la conservation de ses ouvrages; l'autre, qui consiste à pratiquer sous les chemins publics des conduites latérales destinées à apporter l'eau d'égout aux propriétés situées dans la zone irrigable et dépourvues de communication directe avec l'aqueduc. Cette dernière disposition a été jugée suffisante pour assurer les libres allures de la Compagnie. Dans l'enquête de 1865, la question a été posée de savoir s'il conviendrait de lui conférer aussi l'énorme privilége de pousser les conduites latérales dans la propriété privée; mais les représentants de la Compagnie ont répondu, avec autant de bon sens que de modération, « que « toute ferme devant être touchée en quelque point par un « chemin public, on pourrait toujours, à la rigueur, y ar- « river par là, et que, demander à la loi davantage, ce « serait courir le risque de tout compromettre devant le « Parlement. » Ainsi la Compagnie desservira la propriété privée de deux façons : 1° par des conduites directes, à travers champs, chez les fermiers qui confinent immédiatement à son aqueduc ou qui se sont fait autoriser par ceux qui les en séparent; 2° par des lignes plus ou moins détournées, empruntant les chemins publics depuis leur rencontre avec l'aqueduc jusqu'au point où ils atteignent la propriété qui réclame l'arrosage. L'un ou l'autre de ces moyens, selon le cas, permettra de faire face à tous les besoins.

Emploi de l'eau.— Dès aujourd'hui, on peut prévoir que la Compagnie est assurée d'une clientèle importante : l'enquête de 1865 ne laisse aucun doute à cet égard. Plusieurs agriculteurs, situés dans la zone arrosable, interrogés sur l'emploi à faire de l'eau d'égout, n'ont pas hésité à répondre qu'ils étaient disposés à la payer un bon prix, pourvu, bien entendu, qu'on la leur distribuât à leurs convenances. Ils ont même articulé des chiffres, et celui de 2 deniers ou de 20 centimes par mètre cube a été plusieurs fois prononcé (*). Comme les agriculteurs n'ont pas dit leur dernier mot, la Compagnie ne peut pas tout à fait considérer ce prix comme assuré; mais il semble qu'elle peut raisonnablement compter sur un chiffre un peu moindre, par exemple sur 15 centimes. Or, déjà, à 15 centimes, si le débouché prend de l'importance, l'affaire est non-seulement sauvée, mais elle devient même très-avantageuse pour les concessionnaires.

Quant au mode d'emploi de l'engrais, il sera naturellement subordonné à l'initiative de chaque cultivateur. Le système qui paraît destiné à prévaloir, comme étant le plus simple et le plus productif, est celui des irrigations de prairies, au moyen de rigoles découvertes. L'arrosage à la lance, appliqué aux cultures maraîchères ou aux céréales, sera

---

(*) Voir les dépositions de MM. Watershaws, Wagstaff, Oakley, etc. On ne peut s'empêcher de remarquer cette attitude franche et intelligente des cultivateurs anglais. Dans d'autres pays, les déposants, qui pourraient être appelés plus tard à acheter l'eau d'égout, ne manqueraient pas de la déprécier et d'en contester l'efficacité, afin de se faire d'avance la partie belle et d'obtenir plus tard des concessionnaires de meilleures conditions en les effrayant, au risque de faire manquer l'entreprise elle-même. En Angleterre, on agit tout autrement : l'affaire étant jugée bonne pour tout le monde, on n'hésite pas à l'encourager, avec la pensée, bien entendu, d'y trouver soi-même aussi son profit.

l'exception. « La manière la plus profitable d'employer « l'eau d'égout, disent les commissaires de Rugby, c'est, « dans la plupart des cas, de l'appliquer aux prairies or- « dinaires ou au ray-grass d'Italie, à raison de 12.000 ton- « nes environ par hectare (*). » Cette conclusion et quelques autres, non moins importantes, formulées dans le même rapport, sont corroborées par la plupart des dépositions recueillies aux enquêtes publiques. Elles méritent d'être reproduites en leur entier, car elles résument, en quelque sorte, l'état actuel des connaissances en Angleterre sur ce sujet, et elles inspireront nécessairement les futurs usagers de l'eau d'égout de Londres; aussi en avons-nous fait l'objet de la Note *d*. La Compagnie du *metropolis sewage* a vérifié elle-même la justesse de ces principes. Les arrosages d'essai qu'elle poursuit à Barking-Creek, sur une superficie d'un hectare et demi (**), fournissent les mêmes résultats que ceux de Rugby. Afin de donner plus de force à l'enseignement, elle projette d'étendre ces arrosages à une surface d'environ 125 hectares, en vue de laquelle elle pose en ce moment un tuyau spécial de dérivation de 40 centimètres de diamètre. Ce sera pour les populations, à la fois une démonstration pratique et un puissant stimulant à faire elles-mêmes l'épreuve du nouvel engrais.

(*) *Third report of the commission appointed to inquire into the best mode of distributing the sewage of towns*, 1865.

Nous ferons remarquer que le chiffre de 12.000 tonnes par hectare est donné dans l'hypothèse où tout est disposé, sol et culture, en vue d'une irrigation continue et aussi abondante que possible. Mais cela ne veut point dire que, dans les circonstances ordinaires de la pratique, un chiffre moindre ne soit pas souvent préférable. Plusieurs agronomes, M. Hope entre autres, pensent que la dose de 7 à 8.000 mètres cubes par hectare est la plus avantageuse. (Enquête de 1865.)

(**) Actuellement 4 hectares (Note de mai 1867).

2° *Mise en culture des sables littoraux.*

Travaux d'endiguement. — L'aqueduc principal et son embranchement arrivent, avons-nous dit, à la côte de la mer du Nord, respectivement au nord et au sud des bouches du Crouch. Ils y rencontrent de vastes formations de sables, de plusieurs kilomètres de largeur, lesquelles s'étendent en longueur depuis l'embouchure de la Tamise jusqu'au Blackwater, c'est-à-dire sur près de 30 kilomètres. Ces formations peuvent être partagées en deux groupes : l'un, le plus important, compris entre la Tamise et le Crouch, et connu sous le nom de Maplin Sands ou de Foulness Sands ; l'autre, entre le Crouch et le Blackwater, appelé Dengie Flat. L'aqueduc aboutit au centre du premier groupe, et sa branche du nord au centre du second. Ce sont là les sables qu'il s'agit, dans une certaine étendue, de conquérir sur la mer. Les projets présentés par la Compagnie ont en vue l'endiguement de 8.000 hectares environ à Maplin et de 5.000 hectares à Dengie, avec un développement total de digues de 40 kilomètres. L'exécution de la branche nord étant ajournée, il en sera naturellement de même du travail de Dengie, et quant à Maplin, on se bornera pour commencer à enclore près de 3.000 hectares. Cette surface est actuellement couverte en entier par la haute mer : son niveau moyen au-dessus de la basse mer est de 4 mètres, les parties les plus basses sont à $1^{m},80$ seulement. Elle forme, dans son ensemble, un plan incliné assez uniformément vers la mer et dont la pente moyenne est de $0^{m},65$ par kilomètre. La hauteur moyenne de la digue, de la base au sommet, sera de $5^{m},50$ et atteindra au maximum 8 mètres; la crête dépassera de $1^{m},75$ le niveau des hautes marées et mettra ainsi les terrains à l'abri des vagues. La grande étendue de bancs de sable, qui règne en avant de la future enceinte, servira naturellement à la protéger contre la grosse mer et jouera le rôle de brise-lames. Des travaux de même genre, exécutés sur plusieurs points de l'Angleterre, notamment dans la baie de Morecambe, sur la côte ouest du Lancashire, et dans la baie de Malahide, pour la traversée du chemin de fer de Dublin à Drogheda, montrent suffisamment la marche à suivre en cette circonstance. M. Hemans, qui a exécuté les remblais de Malahide, appliquera la même méthode à Maplin, en l'accommodant, bien entendu, à la destination différente des terrains. Son mode d'opérer sera le suivant : La digue sera formée de sable obtenu, partie en creusant le fossé de ceinture, de 8 mètres de large et de 30 à 40 centimètres de profondeur, qui doit régner à l'intérieur de l'enceinte, et partie aux bancs qui s'étendent du côté de la mer. Le sable sera simplement accumulé jusqu'à la hauteur voulue, en laissant les talus prendre leur pente naturelle. La face extérieure recevra un revêtement d'argile pilonnée de 50 centimètres d'épaisseur, sur laquelle on étendra une couche de chaux. La portion située au-dessus de la mer ainsi que le couronnement seront soigneusement gazonnés. Sur la face intérieure, on se contentera de tasser les matériaux aussi bien que possible. La largeur de la digue, au sommet, sera de $1^{m},25$; la largeur à la base variera, naturellement, selon la profondeur : on estime qu'elle sera moyennement de 24 mètres.

Le territoire ainsi protégé sera soumis à une irrigation des plus actives. Les eaux d'égout, versées par l'aqueduc au niveau des parties les plus élevées, seront reçues dans des canaux et distribuées au sol par un réseau de rigoles découvertes. On compte donner 12 à 15.000 mètres cubes par hectare et au besoin pousser à 20.000. Bien entendu, on ne prétend pas là que ce soit la meilleure manière d'utiliser l'engrais ; mais pour toute la portion non vendue sur le parcours, la Compagnie, plutôt que de le laisser couler à la mer, aura un intérêt évident à en user dans la plus large proportion possible : car les expériences de Rugby prouvent que, dans les limites dont nous parlons, c'est-à-dire jusqu'à 20 et même 25.000 mètres cubes à l'hectare, pourvu que le sol soit parfaitement asséché, toute quantité supplémentaire de liquide correspond à un accroissement de produit brut et par suite de produit net, si la valeur du liquide est d'ailleurs comptée pour rien, comme c'est précisément le cas pour la portion qui reste aux mains de la Compagnie. Mais à raison de 20.000 mètres cubes par hectare, la Compagnie absorberait, sur 3.000 hectares, 60 millions de mètres cubes, soit les trois cinquièmes de son approvisionnement annuel, et, en étendant l'endiguement à 5.000 hectares seulement, elle l'absorberait en totalité. On voit donc que le projet de la Compagnie suffit actuellement pour faire face au plus pressé, c'est-à-dire pour faire passer à travers des prairies le flot quotidien que lui enverra incessamment la ville. Mais on doit souhaiter que les choses se passent autrement, et qu'au lieu de jeter de grandes masses de liquide sur quelques milliers d'hectares, la surface d'irrigation s'étende au contraire beaucoup, par suite d'un emploi de plus en plus général sur le parcours. De la sorte, la consommation moyenne par hectare sera considérablement abaissée, et tout le monde y gagnera, la Compagnie, aussi bien que le public.

Les terrains endigués étant au-dessous du niveau de la haute mer, l'eau d'arrosage ne pourra s'en écouler d'une manière continue; elle devra, au contraire, être retenue jusqu'au moment où la marée descendante en permettra la sortie, à moins qu'on ne préfère l'épuiser à l'aide de machines à vapeur. Cette seconde solution serait moins coûteuse qu'on ne serait tenté de le croire au premier abord. Si l'on suppose, en effet, que la moitié des eaux soient amenées sur les sables, et que l'épuisement artificiel s'exerce la moitié du temps, c'est-à-dire, sur 25 millions de mètres cubes seulement, comme d'ailleurs la hauteur moyenne à racheter par les pompes ne serait guère que de 1 mètre, la dépense annuelle d'extraction ne s'élèverait qu'à quelques milliers de francs (*). Mais il n'est pas probable qu'on en vienne là. Le fossé de ceinture suffira comme réservoir, en attendant les moments propices pour écouler : avec les dimensions qu'on projette de lui donner, il pourra contenir plus de 40.000 mètres cubes, c'est-à-dire le 6ᵉ environ de la production journalière de la rive nord de Londres : or, l'on n'aura jamais à garder l'eau plus de quatre heures, en sorte que même si elle venait en totalité aux sables, le fossé suffirait encore pleinement à cette destination. A la marée descendante, les eaux trouveront leur issue à travers la digue, au moyen de bouches de décharge munies de clapets, qui resteront fermées pendant toute la période du flux. Il en sera de même des cours d'eau naturels qui parcourent actuellement cette région ; ils seront recueillis dans des canaux et s'écouleront à la marée basse. Le territoire sera d'ailleurs complétement à l'abri des eaux de la mer : car aucune infiltration n'est possible à travers une digue constituée comme celle dont nous avons parlé (**). Le sol, formé de sable pur, offre une perméabilité parfaite ; et, deux fois par jour, comme nous avons vu, la zone entière sera débarrassée de toutes les eaux d'arrosage ou autres qui baignent le sous-sol. Ces terrains seront donc dans les meilleures conditions

---

(*) A quoi s'ajouteraient, bien entendu, l'intérêt et l'amortissement du capital engagé dans l'établissement des machines.

(**) « J'ai, dit M. Bateman, une grande habitude de la construc-« tion des grands filtres pour clarifier l'eau destinée à l'alimen-« tation des villes, et si je faisais un filtre de cette sorte (comme la « digue) je ne pourrais pas faire passer une seule goutte d'eau à « travers. Les filtres artificiels sont formés de sable lavé, et après « peu de temps la surface s'obstrue, de sorte que le filtre ne fonc-« tionnerait plus si on ne la grattait pour exposer une couche « fraîche de sable le plus pur. Or, si nous voulions ici, de quelque « manière, faire filtrer l'eau à travers le sable, nous ne réussirions « pas à en obtenir une goutte, une fois que la digue sera con-« struite. » (Enquête de 1865.)

possibles pour recevoir et évacuer de grandes quantités de liquides, sans que la culture ait jamais à souffrir d'un excès d'humidité. Toutefois, les deux premières années, on ne compte rien produire : le sol sera encore trop imprégné d'eau de mer et de matières salines. Ce temps sera consacré à le laver et à l'adoucir. Les eaux de pluie et celles d'égout, le parcourant sans interruption, entraîneront peu à peu tous les éléments nuisibles, et, dès la troisième année, on peut espérer une bonne récolte. Un pareil délai étant suffisant quand les sables sont simplement lavés par les eaux pluviales, ici à plus forte raison, où l'on a en outre les liquides d'égout, on est assuré d'avoir du temps de reste. En comptant donc sur deux années perdues, la Compagnie pose évidemment un maximum.

Emploi de l'eau. — L'irrigation sera conduite à la mode d'Édimbourg ou à la mode d'Espagne et, peut-être, selon l'une et l'autre à la fois. Dans le premier système, la surface du terrain est disposée en plans inclinés sur chacun desquels l'eau est déversée au moyen d'une rigole qui suit l'arête supérieure : une autre rigole, tracée le long de l'arête inférieure, sert à évacuer l'excédant des eaux ; au besoin, quelques rigoles transversales, ouvertes à la bêche ou par un trait de charrue, facilitent la dispersion du liquide. Dans le second système, le sol est divisé en plates-bandes horizontales, entourées chacune d'un petit mur en terre; l'eau se déverse d'une de ces enceintes dans l'autre, après avoir atteint une hauteur d'environ 6 à 7 centimètres. Il est probable que le choix entre les deux méthodes dépendra surtout de la quantité de liquide dont on devra disposer. Si l'on est assez pourvu pour n'avoir pas à y regarder, on adoptera la première méthode qui consomme davantage mais qui est d'une pratique plus simple; si, au contraire, on a intérêt à économiser l'eau parce que les cultivateurs en auront absorbé beaucoup sur le parcours de l'aqueduc, on emploiera la seconde, qui exige plus de soins mais qui utilise beaucoup mieux.

Bien que l'eau d'égout paraisse convenir à une foule de cultures diverses, l'irrigation des prairies reste définitivement comme le mode d'emploi le plus avantageux. L'opinion de la Compagnie est fixée à cet égard, et toutes les combinaisons agricoles qu'elle a en vue pivotent autour de cette idée. Le projet caressé par elle avec le plus de complaisance serait d'élever sur son vaste domaine un grand nombre de fermes consacrées à la production du lait de vaches. Chacune d'elles serait pourvue d'une habitation et des bâtiment que comporte une laiterie. On s'efforcerait d'y faire venir les laitiers de Londres par l'appât d'un loyer fixé tout d'abord à un chiffre bien moindre que celui qu'ils payent d'ordinaire à la ville. On compte aussi, pour les attirer, sur la perspective d'un air pur et d'une demeure saine, deux choses auxquelles l'Anglais n'est jamais indifférent. La Compagnie passerait avec eux des marchés et leur fournirait à bas prix le fourrage vert rendu à domicile (*). L'avantage serait si évident que la Compagnie ne doute pas d'obtenir d'eux, avant l'achèvement des travaux, des engagements qui lui assurent la consommation sur place de toutes ses récoltes; « de telle sorte, dit-elle, que pas un quintal ne sera exporté en nature, mais que la totalité s'en ira exclusivement sous forme de lait, de fromages et autres produits accessoires se rattachant aux laiteries. »

L'éloignement de Londres ne paraît pas un obstacle à la Compagnie et elle compte avoir facilement raison de la concurrence des producteurs urbains et suburbains. Elle est, en effet, admirablement placée, pour les transports, par suite du voisinage du chemin de fer de South End qui vient

(*) Elle parle de le leur vendre sur le pied de 20 à 22 francs la tonne, tandis qu'il leur coûte aujourd'hui, à Londres, de 25 à 28 fr.

aboutir à quelques kilomètres de son territoire et auquel elle compte se relier au moyen d'une voie ferrée spéciale. Le litre de lait, rendu à Londres, sera donc, de ce chef, grevé à peine de quelques centimes.

Il ne faut pas se dissimuler que, dans cette industrie, la Compagnie pourra se trouver arrêtée, à un moment donné, par le manque de débouchés ; car, quelle que soit en produits de ce genre l'immensité de la consommation d'une ville comme Londres, elle est cependant inférieure à celle que serait susceptible de satisfaire le domaine projeté. En effet, à raison de 15 vaches à l'hectare, chiffre généralement admis pour des prairies ainsi arrosées, les 8.000 hectares de Maplin, s'ils étaient tous cultivés en herbages, permettraient, déduction faite de la place perdue, d'entretenir plus de 100.000 vaches laitières, ce qui dépasse énormément le nombre de têtes mises à contribution par la métropole. En restreignant même la culture à 3.000 hectares, ainsi que la Compagnie se propose de le faire pour commencer, on aurait près de 40.000 vaches laitières, ce qui excède encore le contingent nécessaire à Londres. Quant à envoyer les produits dans les autres villes du royaume, il n'y faut pas songer : les frais de transport ne permettraient pas de lutter contre les producteurs locaux. La Compagnie a dû se préoccuper de cette éventualité et elle est arrivée à conclure que le moyen d'y parer serait, le cas échéant, de consacrer l'excédant de ses fourrages à l'engrais du bétail. Sans doute, ainsi qu'on l'a dit, l'herbe des prairies arrosées abondamment par l'eau d'égout ne convient pas bien à cette destination : car elle est trop aqueuse et l'animal qui s'en nourrit ne prospère pas en chair de bonne qualité. Mais, il résulte d'observations faites sur plusieurs points, qu'en associant dans une proportion convenable ce fourrage avec certains autres aliments, par exemple avec les tourteaux de graines oléagineuses, on peut le faire consommer avec succès. C'est ainsi, du reste, que les choses se passent à Édimbourg : les Craigentinny meadows y servent à l'engrais du bétail. Les cultivateurs qui afferment ces terrains reconnaissent eux-mêmes que l'herbe qui y pousse se consomme d'une manière très-profitable, quand on l'associe avec des graines et autres aliments bien choisis (*).

En résumé, la Compagnie vendra sur le parcours de l'aqueduc la plus grande quantité d'eau possible, en l'offrant aux cultivateurs dans les proportions et aux époques qui leur conviendront; et pour toute la portion non vendue, elle l'emploiera sur son propre domaine à des irrigations permanentes de prairies. Elle considère la production du lait et de ses accessoires comme devant être la manière la plus avantageuse pour elle de consommer ses fourrages; elle y tendra en conséquence dans la limite du possible, et quand les débouchés viendront à lui manquer, elle utilisera l'excédant des récoltes pour l'engrais du bétail.

Dépenses et recettes.

Suivant un devis estimatif, remis par la Compagnie au comité d'enquête de 1865, le coût du projet complet, c'est-à-dire y compris l'embranchement du nord et l'endiguement de Dengie, devait se chiffrer comme suit :

(*) Voir les dépositions de MM. A. Bryce et J. Christy, ainsi que les explications de M. W. Hope, dans l'enquête de 1865.

	fr.
Aqueduc principal, depuis sa double jonction avec les travaux de la ville jusqu'à la bifurcation de Rawreth.	22.489.075
Prolongement de l'aqueduc, depuis Rawreth jusqu'aux sables de Maplin.	10.383.850
Embranchement du nord.	7.875.225
Pompes à feu.	1.750.000
Endiguement de Maplin.	5.419.575
Endiguement de Dengie.	3.206.500
Travaux préparatoires à la surface des sables, en vue de l'arrosage.	1.375.775
Total.	52.500.000

A cette somme, il faudrait ajouter l'intérêt des capitaux engagés pendant la période de construction, ainsi que divers autres frais, ce qui augmenterait le total ci-dessus d'environ 13 ou 14 millions et le porterait par conséquent à 66 millions en nombre rond. Mais, depuis la présentation de ce devis, les projets de la Compagnie ont considérablement varié, et par suite aussi ses évaluations. Ainsi, elle a renoncé à la jonction d'Abbey Mills; elle a ajourné pour un temps indéfini l'embranchement du nord et par suite l'endiguement de Dengie; enfin elle a restreint, pour le début, la surface d'arrosage de Maplin et l'a réduite successivement de 8.000 hectares à 5.000, et de 5.000 à un peu moins de 3.000. Par contre, elle a augmenté les dimensions de l'aqueduc entre Rawreth et Maplin, et elle a renoncé à le faire à ciel ouvert sur cette partie du parcours, ainsi qu'elle en avait d'abord eu la pensée; en outre, elle a relevé de plusieurs mètres tout son système de dérivation, afin de développer la zone desservie par gravitation le long de l'aqueduc, circonstance qui entraîne un accroissement correspondant de force dans les pompes à feu. De toutes ces causes combinées il est résulté, sur le devis primitif, une économie définitive d'environ 6 millions. Le projet actuellement en cours se solde par une somme ronde de 60 millions, ainsi qu'il ressort du prospectus distribué récemment par la Compagnie à ses actionnaires, prospectus dans lequel la dépense est évaluée comme il suit :

	fr.
Ouvrages d'art de tous genres (aqueduc, endiguement, pompes, travaux préparatoires), suivant un forfait passé avec M. William Webster (*), grand entrepreneur de travaux publics.	46.336.200
Sommes payées, sous forme d'actions libérées, à MM. Napier et Hope, fondateurs, comme reconnaissance d'apports et remboursement de frais d'études préliminaires et autres (**).	1.250.000
Intérêt à 5 p. 100 des capitaux engagés pendant la période de construction, achat des terrains, frais d'études, dépenses d'actes et d'administration, etc.	12.413.800
Total.	60.000.000

Cette somme sera fournie au moyen d'un capital actions, entièrement souscrit aujourd'hui, de 52.500.000 fr. et au moyen de 7.500.000 francs d'obligations à émettre.

En regard de cette mise de fonds, voici quels sont les bénéfices que l'on compte réaliser.

La Compagnie, dans son prospectus, porte à 18 millions (720.000 livres sterling) le chiffre de la recette brute annuelle. Elle n'en donne pas les motifs d'une manière très-nette, mais il est visible que ce chiffre répond, dans sa pensée, à l'hypothèse d'une valeur de 15 centimes, attribuée au mètre cube d'eau d'égout. En effet, dans ce même prospectus, la Compagnie fait connaître qu'elle compte dériver 120 millions de mètres cubes *en totalité*, c'est-à-dire y compris le supplément fourni par les petites pluies, lequel est évalué à 15 ou 20 millions de mètres cubes par an. Or

(*) W. Webster, avec qui la Compagnie a traité, est le même qui a construit, pour le compte du Conseil métropolitain, près de la moitié des ouvrages du *main drainage* de Londres. Ce choix seul est une grande garantie pour la future conduite des travaux.

(**) Les fondateurs se sont en outre réservé une petite part dans les bénéfices nets de l'exploitation.

le chiffre de 120 millions, multiplié par $0^f,15$, donne bien les 18 millions annoncés par la Compagnie. Mais une telle estimation est évidemment fautive, car elle implique que la totalité de l'eau disponible est vendue au public, ou, du moins, qu'on peut attribuer à cette eau la même valeur que si elle lui était vendue réellement. Or la quantité vendue au public sera bien inférieure au total disponible, au moins pendant les premières années de l'exploitation : la Compagnie elle-même a prévu ce cas et elle a formulé dans les enquêtes l'hypothèse où elle n'en placerait que la moitié ou même le tiers; et quant aux eaux utilisées sur son propre domaine, elles seront loin d'avoir la même valeur commerciale que celles qui seront achetées par les cultivateurs (*). Le prix de $0^f,15$ le mètre cube, attribué à la totalité, est donc inadmissible, quoiqu'il n'ait rien d'exagéré pour la portion vendue (**).

La manière dont l'eau se répartira étant nécessairement inconnue, on en est réduit aux conjectures pour apprécier la recette. Admettons une vente d'un tiers, soit, sur 120 millions, une vente de 40 millions de mètres cubes : à raison de $0^f,15$, on aurait, de ce chef, une recette brute de 6 millions. Quant à l'excédant, il n'a pas de valeur commerciale proprement dite, puisqu'il devra être consommé par la Compagnie elle-même. Mais nous pouvons trouver indirectement quelque base d'évaluations. En effet,

---

(*) Il existe, en effet, entre les eaux vendues au public et celles consommées par la Compagnie, la même distinction qu'entre les irrigations conduites au seul point de vue de la culture ou au seul point de vue de la salubrité ; or nous avons vu l'énorme différence que cela faisait dans les valeurs de l'engrais.

(**) C'est ce qui ressort des considérations dans lesquelles nous sommes entré au début de ce chapitre. Nous avons vu que le chiffre de 15 centimes était la moyenne des estimations faites sur l'eau d'égout, et que divers agronomes (entre autres M. Lawes) allaient même jusqu'à admettre une valeur de 20 centimes quand la consommation est réglée sur les convenances de la culture.

la Compagnie, par l'organe de M. Hope, a émis la prétention de louer les sables arrosés de Maplin à raison de 1.560 francs l'hectare (25 livres par acre). Ce chiffre, quelque élevé qu'il soit, cessera cependant de paraître invraisemblable quand on songe qu'à Edimbourg, certaines portions des Craigentinny meadows se louent, — les fermiers eux-mêmes le déclarent — sur le pied de 2.500 fr. l'hectare. Réduisons toutefois à 1.000 francs l'estimation de la Compagnie, et admettons en outre que la superficie *utile* de Maplin sera de 2.500 hectares seulement. On aurait, de ce deuxième chef, une recette annuelle de 2.500.000 francs.

Le recette brute totale serait donc de 8.500.000 francs.

Quant aux dépenses d'exploitation, comprenant l'élévation des eaux, l'entretien des divers ouvrages, la surveillance, l'administration centrale, etc., la Compagnie les évalue, dans son prospectus, à 1.250.000 francs par an; mettons 1.500.000 francs.

Il resterait ainsi un bénéfice net de 7 millions, ce qui, en dehors du mode de répartition adopté, correspondrait à un peu plus de 11 p. 100 du capital engagé. Si ce résultat peut paraître exagéré pour les premières années de l'exploitation, on est en droit, au contraire, de le regarder comme trop faible pour les années subséquentes; car, si la vente de l'eau vient à se développer, comme on doit l'espérer, la recette s'élèvera progressivement. Il faut considérer, en effet, que chaque mètre cube livré au public, rapporte cinq fois autant que lorsqu'il est consommé par la Compagnie : c'est ce qui ressort du calcul même qui précède, où l'on voit que les 80 millions de mètres cubes employés par cette dernière ne lui rapportent que 2 millions et demi, soit 3 centimes par mètre cube au lieu de 15 centimes (*). Si donc la Compagnie en arrivait à vendre les

(*) Même en admettant le prix élevé de fermage de 1.560 francs l'hectare, articulé par M. Hope, et une surface disponible de

deux tiers de son eau, même en réduisant, dans ce cas, de moitié le revenu de son propre domaine, en conséquence de la diminution d'eau qu'il recevrait, le bénéfice net total s'élèverait à près de 12 millions, soit plus de 19 p. 100 du capital engagé.

Quoi qu'il en soit de ces prévisions, la marge reste grande, on le voit, pour l'avenir, et le succès financier paraît assuré dans tous les cas à l'opération.

Objections.

Le projet que nous venons de décrire n'a pas triomphé sans luttes. Les objections ont été vives et nombreuses. Il n'est pas hors de propos de rappeler les principales.

Premièrement, on a dit que la surface desservie par gravitation était beaucoup trop faible et qu'elle n'aurait pas dû être moindre de 200 à 240.000 hectares (*). Le comité de la Cité de Londres, qui s'est fait l'organe de cette objection, donne pour principal argument que l'arrosage à haute dose est infiniment moins productif, toute proportion gardée, que l'arrosage à faible dose. Il n'est pas douteux, en effet, — et les expériences de Rugby le démontrent surabondamment — que les eaux de la métropole, réparties, par exemple, sur 100.000 hectares, donneraient plus de bénéfices que réparties sur 50.000 seulement. Mais le projet de la Compagnie répond pleinement à l'objection; car, si la consommation des eaux se développe au point que l'on puisse espérer les vendre avantageusement tout en élargissant le cercle de la clientèle, la Compagnie sera la première inté-

---

2.800 hectares (ce qui est presque le total de l'aire endiguée), on n'arriverait encore qu'à 5 centimes le mètre cube, soit le tiers seulement du prix de vente au public.

(*) *Report coal and corn and finance committee*, 9 février 1865.

ressée à accroître la surface desservie par gravitation. Or cela, avons-nous vu, lui sera facile, au moyen de pompes à feu supplémentaires et de nouveaux embranchements.

Secondement, on a dit que de semblables irrigations seraient une source d'infection pour le pays. Mais, d'une part, il est interdit à la Compagnie de les pratiquer à moins de 3.200 mètres de la banlieue de Londres, et, d'autre part, la contrée traversée par l'aqueduc ne renferme aucune agglomération importante. Quant aux sables littoraux, il n'en faut pas parler : la seule population qu'on y trouvera sera celle que la Compagnie y appellera elle-même par ses travaux. En outre, il est à remarquer que les irrigations bien conduites, c'est-à-dire dans lesquelles l'eau n'est pas en excès et où les moyens d'écoulement sont assurés, ne donnent pas lieu à de très-grandes odeurs. Or tel sera le cas de la zone traversée par l'aqueduc, puisque tous les terrains s'égouttent à la marée basse, et que la Compagnie est tenue, par son cahier des charges, de ne délivrer que la quantité d'eau que le sol peut aisément absorber. L'exemple d'Edimbourg qu'on a cité, ne prouve rien : car, dans les Craigentinny meadows, l'infection provient, non des prairies elles-mêmes, mais du canal d'amenée et des rigoles principales, lesquels sont à ciel ouvert, et dont les bords retiennent des matières fermentescibles. Ici, au contraire, l'aqueduc et les canaux de prise seront complétement fermés.

Troisièmement, on a contesté la possibilité de préserver efficacement des eaux de la mer les sables de Maplin. On a dit que ces sables étant mouvants, l'eau, poussée par la pression extérieure, laquelle n'est pas contre-balancée à l'intérieur de l'enceinte, s'introduirait nécessairement par le pied de la digue, à travers les sables, et détruirait la végétation. Cet argument, auquel des noms d'ingénieurs ont prêté une certaine autorité (*), a été réfuté péremptoirement par la Compagnie. Elle a fait observer qu'à marée haute et dans les parties profondes, où les infiltrations pourraient, précisément, sembler le plus à craindre, la digue exercerait, par son propre poids, sur les bancs de sable, une pression de 15 tonnes par mètre carré, et que cette pression serait plus que suffisante pour que les sables devinssent tout à fait imperméables à l'eau. Quant à savoir si les sables, par suite de leur nature mouvante, pourraient supporter un poids semblable sans se dérober, chose qu'on avait paru également mettre en doute, la Compagnie a répondu par des expériences directes. Elle a fait éprouver très-soigneusement la capacité de résistance de ces sables et elle a trouvé qu'ils supporteraient, au besoin, une pression de 50 tonnes par mètre carré, plus que triple, par conséquent, de celle qu'ils auront à supporter effectivement. Enfin, rappelant les exemples de la baie de Morecambe et de celle de Malahide, la Compagnie fait observer qu'une fois les travaux faits, la mer se charge elle-même d'en augmenter la puissance, par les dépôts qu'elle accumule graduellement contre l'obstacle qui lui est opposé.

Quatrièmement enfin, on a dit que les sables littoraux, composés presque exclusivement de silice pure, n'étaient susceptibles de rien produire, et que la prétention de les fertiliser, émise par la Compagnie, était une grande erreur. Cette objection est peut-être celle qui a fait le plus de bruit, car elle s'abrite derrière le grand nom de Liebig, qui l'a formulée dans des documents publics (**). Mais la Compagnie

(*) Voir notamment la déposition de M. G. Hopkins dans l'enquête de 1864.

(**) « C'est en vain, dit-il, qu'on pense à transformer les sables « de Maplin en un sol fertile produisant une végétation luxuriante ; « pour en arriver là, il faudrait plus de 2 millions de tonnes d'ar- « gile afin de former à la surface du sol l'épaisseur requise d'un « pouce. » (Lettre au lord maire de la Cité de Londres, 1864.)

proteste de toutes ses forces qu'elle ne prétend nullement fertiliser les sables, *mais seulement féconder les récoltes qu'ils sont destinés à porter.* Le sable n'agira, dit-elle, que comme un intermédiaire, comme un support de la plante, servant uniquement à permettre l'absorption des principes fertilisants contenus dans l'eau d'égout, mais dont il ne retiendra rien pour lui-même. « Nous voulons, ajoutent MM. Napier et « Hope, engraisser la récolte et non la terre (*). » Au surplus la Compagnie a voulu sortir de la discussion théorique et répondre par des faits, visibles pour tout le monde. En conséquence, elle a pris du sable à Maplin même, et l'a transporté à Barking Creek, où elle l'a répandu sur un hectare et demi de terrain, en une couche de 25 à 30 centimètres d'épaisseur. Une partie de la surface a été mise en prairie permanente; l'autre a reçu différents légumineux, tels que pois, carottes, asperges, etc. Ensuite on a répandu 'eau d'égout en abondance. Les résultats obtenus ont été merveilleux : tout le monde a pu les voir, nous les avons vus nous-même. Les carottes, les asperges sont d'une grosseur surprenante; l'herbe pousse à raison de 10 *à* 11 *centimètres par semaine*, soit près de 6 mètres par an. On fait plusieurs récoltes et 7 coupes de fourrages. Cette végétation, toujours active, sous l'influence des liquides chauds et riches des égouts de Londres, rappelle celle des terres les plus privilégiées, sous d'autres climats. A ces faits, qu'objecter désormais? Aussi le public s'est déclaré convaincu, et il l'a prouvé, en effet, en souscrivant avec empressement le capital de la Compagnie, dont l'existence légale venait d'être reconnue par l'Acte parlementaire du 19 juin 1865.

(*) Lettre à M. Chwaites, président du Conseil métropolitain, 1865.

Acte constitutif de la Compagnie d'irrigation.

La Compagnie du ***Metropolis sewage and Essex reclamation*** étant la première qui se soit formée pour un tel objet, il est intéressant de consulter les dispositions principales qui ont été adoptées à son égard. Nous donnons à la Note *f* le texte des passages les plus saillants de l'Acte constitutif du 19 juin 1865, lequel ne compte pas moins de 127 articles. Nous y joignons également quelques extraits de la convention, en 35 articles, passée le 24 février de la même année, entre le Conseil métropolitain des travaux et MM. Napier et Hope, convention incorporée dans l'Acte précité. Nous nous bornerons ici à une analyse très-succincte de ces deux documents.

La Compagnie du ***Metropolis sewage and Essex reclamation*** est constituée au capital primitif de 52.500.000 francs, lequel, par des émissions successives d'actions et d'obligations, peut être porté à 100 millions, dont 75 millions en actions et 25 millions en obligations.

Il lui est fait concession entière des eaux d'égout de la partie nord de Londres, pour un laps de cinquante années commençant à courir après la quatrième année qui suit la date de l'Acte.

Il lui est fait également concession des sables littoraux de Maplin et de Dengie, situés sur le rivage de la mer du Nord.

La Compagnie reçoit le droit considérable d'expropriation, pour cause d'utilité publique, de tous les terrains nécessaires à l'établissement de ses aqueducs et des ouvrages qui en dépendent.

Elle a cette autre prérogative, également importante, de pouvoir établir des conduites latérales sous le sol des voies publiques, en vue d'amener les eaux à portée des propriétés qui ne confinent pas à ses terrains.

Elle peut modifier et détourner les cours d'eau qui traversent les plages concédées. Elle peut même, pour mieux assurer l'écoulement général de cette région, pénétrer sur les propriétés voisines et y effectuer les travaux nécessaires de curage, faucardage et autres.

La Compagnie est tenue de délivrer l'eau d'égout aux terres situées sur le parcours des aqueducs, mais dans des proportions telles que ces eaux puissent être facilement absorbées sans occasionner aucun dommage. Les irrigations ne pourront avoir lieu à moins de 3.200 mètres des limites de Londres, telles qu'elles ont été fixées par le *Metropolis local management Act*. Sur les terrains endigués, au contraire, les arrosages s'effectueront absolument au gré de la Compagnie.

La Compagnie est tenue d'avoir terminé ses aqueducs dans un délai de dix ans, à partir de la date de l'Acte, et ses endiguements dans un délai de quatorze ans, à partir de la même date.

Les bénéfices *nets* de l'entreprise, c'est-à-dire déduction faite des frais d'exploitation et de l'intérêt des emprunts, seront partagés par moitié entre la Compagnie et le Conseil métropolitain. Toutefois les actionnaires auront la priorité jusqu'à concurrence d'un intérêt de 5 p. 100 l'an, et cet intérêt leur sera acquis, en sus de ce qu'ils partageront avec le Conseil, jusqu'à ce que leur revenu atteigne 15 p. 100. Au delà de ce chiffre, le Conseil prélèvera trois quarts des bénéfices excédants, de façon à ce que l'égalité entre les sommes touchées de part et d'autre arrive à se rétablir.

Le Conseil garde le droit d'inspecter les travaux à toute époque, avant et après leur achèvement. Il a également le droit de vérifier tous les livres de compte de la Compagnie et d'en prendre des extraits ou des copies sans frais.

L'un des ministres de Sa Majesté aura le droit de prendre

toutes mesures nécessaires envers la Compagnie, pour prévenir ou supprimer les causes de dommages qui pourraient résulter, soit de l'exécution des travaux, soit du mode d'emploi ou de traitement des eaux d'égout.

Si l'on tient compte de l'esprit habituel de la législation anglaise, on reconnaîtra que l'Acte du 19 juin 1865 a fait à la Compagnie du *metropolis sewage* une situation exceptionnelle, qui témoigne hautement de tout l'intérêt qu'on a attaché en Angleterre à cette entreprise. On a voulu, avant tout, faire réussir un projet qu'on considérait avec raison comme devant exercer une influence décisive sur les destinées de l'assainissement dans le Royaume-Uni. Cette considération toute-puissante explique seule les exceptions au droit commun qui ont été consenties en faveur de la nouvelle Compagnie.

RÉSUMÉ ET CONCLUSIONS.

Résumons-nous.

L'assainissement de Londres offre trois périodes.

Dans la première, on s'occupe exclusivement de la maison et de la rue, sans regarder au delà. On veut les débarrasser de leurs immondices, et abolir tout réceptable d'ordures stagnantes. En conséquence, des canaux sont poussés sous les habitations et dans le sol de la voie publique. Ils reçoivent les eaux ménagères, les matières fécales, les boues, en un mot, tous les résidus susceptibles d'être entraînés par les eaux, et ils les transportent, par la voie la plus prompte, à la Tamise. C'est la période du drainage partiel ou du drainage proprement dit. Les faits qui s'y rapportent sont connus et nous n'avons pas jugé utile de les rappeler.

Dans la seconde période, qui commence pratiquement en 1859, on porte les regards plus loin. On s'aperçoit qu'en assainissant la rue et la maison, on a corrompu le fleuve. On n'a pas supprimé l'infection, on l'a déplacée. Le foyer général qu'on a créé n'est pas moins dangereux que les foyers partiels qu'on a détruits. La situation, chaque jour plus grave, devient, à un moment, intolérable : on se décide enfin à y porter remède. Le sol de Londres est alors découpé par des lignes magistrales de collecteurs, qui rencontrent tous les égouts déjà existants, rassemblent leurs eaux en deux grands courants, l'un sur la rive droite, l'autre sur la rive gauche, et les déversent dans la Tamise, à des points assez éloignés de la métropole pour que les matières en décomposition ne puissent plus jamais être ramenées sous ses murs. On ne recule devant aucune difficulté d'exécution, ni devant celle d'élever à la vapeur ces immenses volumes d'eaux, ni devant leur accumulation dans de vastes réservoirs souterrains, d'où elles ne sortiront qu'à la marée descendante. On dépense 105 millions à cette œuvre gigantesque, et l'on réalise ainsi le *main drainage* ou drainage principal de Londres.

La solution est complète en ce qui concerne la salubrité de la ville ; mais le fleuve demeure infecté en aval, et les matières fertilisantes qui s'échappent de la grande cité continuent à se perdre sans retour.

La troisième période commence à peine. On a mis la main à la pioche aux premiers mois de la présente année (1866), mais on pousse les travaux avec une grande activité. Il s'agit ici d'un progrès nouveau, le plus difficile peut-être de tous à réaliser, et celui, à coup sûr, qui a longtemps paru le moins réalisable. Il faut transformer une chose nuisible en une chose utile, rendre désormais à la terre ce qui appartient à la terre, et, selon la belle expression du *General Board of Health*, « fermer pour toujours le grand cercle de la Nature (*). » En un mot, il faut employer les iquides d'égout à la production agricole.

C'est alors que la Compagnie du *metropolis sewage and Essex reclamation* se forme. Elle met en avant le projet le plus ingénieux, celui même qui s'exécute aujourd'hui : l'eau d'égout sera utilisée désormais, partie par les fermiers qui voudront en user sur leurs terres, partie par la Compagnie, qui gardera le surplus et le répandra sur des plages stériles enlevées à la mer du Nord. Un aqueduc couvert, de 70 kilomètres de long et de 3 mètres de diamètre, déjà commencé, conduira les eaux du réservoir au rivage. Sur le parcours, 40.000 hectares de terrain, dont le nombre pourrait être doublé au besoin, seront desservis par gravitation, c'est-à-dire sans autre peine, de la part du cultivateur, que de tourner un robinet d'eau. A l'extrémité de l'aqueduc, la Compagnie endiguera, pour le début, 3.000 hectares de sables, et plus tard, s'il y lieu, quadruplera cette surface.

Partout, les liquides seront employés à l'état naturel : tous les modes de fabrication d'engrais artificiels ont été définitivement écartés. L'irrigation des prairies permanentes est admise comme la solution la plus avantageuse. La dose de 7 à 8.000 mètres cubes par hectare, quand le terrain le comporte, paraît correspondre au maximum de profit. Mais, sur les sables endigués, où la perméabilité est parfaite, et où, d'ailleurs, l'eau est à discrétion, on peut aller, sans inconvénient, jusqu'à 20.000 mètres cubes.

(*) « Les lois de la Nature, lit-on dans un des meilleurs rapports « du *Board*, ne souffrent point de halte. Le simple éloignement des « matières en décomposition n'est qu'un expédient. Le grand cercle « de la vie, de la mort et de la reproduction doit être fermé; et « tant que les éléments de la reproduction ne seront pas em- « ployés pour le bien, ils travailleront pour le mal. » (*Report on the means of deodorising and utilizing the sewage of towns*, 1857.)

L'eau d'égout sera vendue à un prix voisin de 0f,15 le mètre cube. Dans son propre domaine, la Compagnie développera, sur une grande échelle, l'industrie du lait et de ses accessoires; et, quand la limite de la consommation de Londres sera atteinte, elle se livrera à l'engrais du bétail.

Pour accomplir son œuvre sur la rive nord, la Compagnie demande six ans et 60 millions de francs. Elle dépensera, au besoin, 100 millions pour lui donner tout son développement. Dès les premières années, le produit, on peut l'espérer, atteindra 10 p. 100 du capital engagé et ne tardera pas sans doute à dépasser sensiblement ce chiffre. On entrevoit, dans l'avenir, la perspective, à coup sûr trop belle, de 30 p. 100; mais celle de 20 p. 100 ne paraît pas invraisemblable.

Sur la rive sud de la Tamise, la solution est moins avancée, mais elle ne saurait bien longtemps se faire attendre. La même Compagnie est en instance auprès du Parlement, et obtiendra probablement, avant un an, la concession des eaux d'égout de la seconde partie de Londres.

Ainsi se trouvera résolu, pour la ville la plus peuplée de l'univers, le grand problème de l'assainissement, dans ses doubles rapports avec l'hygiène publique et avec la production agricole. Il ne restera plus qu'à souhaiter que ce mémorable exemple porte ses enseignements.

Concluons.

La solution adoptée à Londres met en évidence, selon nous, les principes qui doivent présider à l'examen de toute question de ce genre.

Ces principes sont les suivants :

L'eau d'égout doit être employée *à l'état naturel*, c'est-à-dire telle qu'elle sort des villes, sans traitement ni préparation d'aucune sorte.

Elle convient d'autant mieux aux usages agricoles qu'elle reçoit une plus grande proportion des résidus de la ville et notamment les matières fécales.

Le mode d'emploi le plus avantageux consiste dans l'arrosage des prairies, soit naturelles, soit artificielles. Cet arrosage doit se faire à la manière ordinaire, c'est-à-dire au moyen de fossés et de rigoles découvertes, et non au jet et à la lance.

Le sol doit être aussi perméable que possible et offrir toutes facilités à l'écoulement des eaux. Les terrains légers et drainés réalisent, sous ce rapport, les meilleures conditions.

Avec un sol bien disposé, une végétation active, et des eaux qui arrivent promptement sur les terres, les odeurs sont peu incommodes; toutefois on doit éviter que les irrigations soient conduites dans le voisinage des villes.

Les liquides qui s'écoulent des terres après avoir circulé pendant quelques heures à travers les prairies, sont à peu près dépouillés d'éléments putrescibles et peuvent être déchargés sans inconvénients sensibles dans les cours d'eau.

Les canaux d'amenée des liquides doivent êtres couverts. Il suffit d'une inclinaison de 20 centimètres par kilomètre pour prévenir la formation des dépôts dans ces canaux.

Quand l'écoulement des liquides, jusqu'au lieu d'irrigation, ne peut être assuré par la pente naturelle du terrain, on ne doit pas reculer devant l'emploi des machines à vapeur : il faut seulement avoir soin de préserver les pompes au moyen de grillages qui arrêtent les objets les plus volumineux. Quant aux frais élévatoires de l'eau d'égout, ils sont tout à fait négligeables devant sa valeur, puisque l'élévation à 150 mètres n'augmente pas le prix d'un dixième.

La surface nécessaire à l'écoulement des liquides d'une grande ville n'est pas très-considérable; car on peut, à la rigueur, faire passer sur un hectare de prairies, dont le sol s'égoutte bien, jusqu'à 20.000 mètres cubes d'eau d'égout par an; ce qui, à raison de 110 litres par habitant et par jour, chiffre supérieur à la moyenne (*), correspond à un hectare pour 500 habitants, ou à 4.000 hectares pour une ville de 2 millions d'âmes. Ce n'est là, il est vrai, qu'une solution au point de vue de la salubrité; car, au point de vue de la production agricole, il est bien préférable, quand les circonstances le permettent, de réduire considérablement cette dose d'arrosage.

En résumé, la distance à faire parcourir aux eaux d'égout n'est rien; la hauteur à leur faire franchir est peu de chose: tout dépend de la nature du terrain et des facilités qu'il offre à l'écoulement. Comme il y a bien peu de villes autour desquelles on ne puisse trouver, dans un rayon plus ou moins étendu, quelque endroit propice à des irrigations de prairies, on est en droit de conclure qu'à peu près partout, l'application directe de l'eau d'égout à la culture est non-seulement un moyen efficace d'assainissement, mais peut encore devenir une opération lucrative pour ceux qui savent la pratiquer (**).

(*) En ne s'occupant pas des eaux pluviales, qu'on laisse perdre directement aux rivières.

(**) Quand, bien entendu, l'eau d'égout reçoit les matières fécales de la population; car c'est là une condition formelle des bénéfices de l'entreprise. Tous les calculs faits en Angleterre ont en vue des liquides ainsi enrichis, et n'autorisent point à conclure que l'opération serait encore profitable si les égouts étaient privés, comme en France, de communication avec les cabinets d'aisances.

NOTES A L'APPUI.

NOTE *a*.

L'existence des égouts de Londres, comme de ceux de plusieurs cités, remonte à une époque très-ancienne ; mais leur destination a considérablement varié depuis l'origine. Jusque vers l'année 1847, il était interdit, sous des peines sévères, de décharger les eaux sales et autres matières infectantes dans les égouts. Les fosses d'aisances étaient regardées comme les vrais réceptables des ordures domestiques, et les égouts comme les évacuateurs des seules eaux de la surface. Plus tard, la mise en communication des maisons avec les égouts fut autorisée, et, en 1847, intervint le premier acte législatif qui la rendit obligatoire.

Plusieurs des principaux égouts, qui recueillaient de nombreuse sources souterraines, servaient autrefois à fournir d'eau certains quartiers. Tel était, notamment, le cas des égouts de Fleet, de King's Scholars' Pond, de Ranelagh, etc. Ils étaient pourvus de nombreux barrages sur le parcours, et les retenues d'eau ainsi formées contribuaient à l'agrément de la partie suburbaine de Londres. L'égout de Ranelagh, entre autres, fut affecté, en 1730, à l'alimentation de la rivière de Hyde Park. Plus tard, cependant, le lac se trouva tellement corrompu que l'égout fut alors détourné au moyen d'un autre canal construit à travers le parc.

La population de Londres augmentant beaucoup, le sol fut, en quelque sorte, bientôt criblé de fosses d'aisances ; et, comme les aménagements intérieurs de la maison allaient se perfectionnant, il fallut établir des conduits de décharge, allant des fosses aux égouts. Ceux-ci furent par suite infectés, et l'on dut dès lors substituer des conduits fermés aux canaux découverts pratiqués jusque-là.

Avant l'année 1847 les égouts étaient sous la juridiction de huit commissions distinctes, savoir : celles de la Cité, Westminster, Holborn et Finsbury, Tower Hamlets, Poplar et Blackwall, Surrey et Kent, Greenwich et Sainte-Catherine. C'étaient autant de corps indépendants : chacun d'eux nommait ses agents et dirigeait à sa guise ses travaux de drainage, la plupart du temps sans se préoccuper des effets qui en pouvaient résulter sur les districts voisins, à travers lesquels les eaux avaient à passer. Les travaux n'étaient point établis d'après un plan uniforme, mais les dimensions, la forme ainsi que le niveau des égouts, aux limites des divers districts, étaient souvent très-variables. Ainsi des égouts plus vastes se déchargeaient dans des égouts plus étroits; d'autres, à parois planes, avec couronne et radier circulaires, étaient reliés avec des galeries ovoïdes; ou encore, des égouts à section ovoïde, ayant la pointe en haut, étaient reliés avec d'autres également ovoïdes, mais ayant la pointe en bas.

Le premier essai de centralisation date de 1847. Les huit commissions distinctes furent remplacées par une commission unique, appelée *Commission métropolitaine des égouts*, dont les membres étaient nommés par le gouvernement. Cette commission entretint, à l'égard des égouts, des vues opposées à celles qui avaient prévalu jusqu'alors et employa toute son énergie à substituer des tuyaux d'un très-petit diamètre aux vastes galeries en briques précédemment en vogue, à abolir les fosses d'aisances, à évacuer tous les résidus de la maison au moyen de conduits débouchant directement à l'égout public, et à rendre obligatoire l'adoption de ce nouveau système de drainage : si bien que, dans la seule période de six ans, 30.000 fosses furent supprimées et les ordures des maisons et des rues rejetées dans la Tamise.

Malheureusement les travaux d'ensemble furent entravés par les nombreux changements survenus au sein de la commission. Dans les neuf années qui suivirent sa création, elle fut renouvelée six fois; c'est-à-dire que des hommes nouveaux eurent, à six reprises différentes, à continuer la tâche de leurs devanciers. Ces corps éphémères furent, on le comprend, impuissants à mûrir convenablement et à mener à bonne fin aucune entreprise de grande importance.

Note *b*.

La création du *Conseil métropolitain des travaux* a été déterminée par la nécessité de remédier à l'infection de la Tamise. C'est ce besoin de premier ordre pour la grande cité, et auquel la précédente *Commission métropolitaine des égouts* s'était montrée impuissante à satisfaire, qui a amené l'ordre de choses actuel. Nous empruntons à M. Basalgette les principaux détails qui vont suivre.

En 1849, les ravages du choléra et les chaleurs d'un été exceptionnel se réunirent pour faire plus vivement sentir les dangers de la situation. La Tamise était à ce moment saturée de résidus d'égout; et, comme diverses compagnies d'eau s'alimentaient au fleuve, près de Londres ou dans Londres même, la presse publique commença à agiter la question pour amener un remède à des dangers croissants. La Commission métropolitaine mit au concours l'étude de la purification du fleuve; elle ne reçut pas moins de cent soixante projets différents, qui furent livrés à l'examen d'un comité de trois membres, composé de MM. Robert Stephenson, Rendel et William Cubitt. Après de longues et minutieuses recherches, le comité aboutit à cette conclusion décourageante, que le meilleur de tous les projets, celui de M. Mac Clean, n'était pas lui-même complétement exécutable. La question subit ensuite des phases diverses sous les commissions métropolitaines qui se succédèrent jusqu'en 1854, époque où M. Basalgette, devenu ingénieur en chef de la commission, fut chargé, de concert avec M. Haywood, l'ingénieur actuel de la Cité de Londres, de préparer un projet définitif pour la réalisation du *main drainage* de la métropole. Le projet ainsi dressé obtint la haute approbation de Robert Stephenson et de William Cubitt. Toutefois, les changements incessants de la commission, renouvelée pour la sixième fois en 1855, ne permirent pas que rien de sérieux fût tenté jusqu'en 1856, date de l'avénement du Conseil métropolitain des travaux.

Cependant, tandis que le temps s'écoulait en études et en débats stériles, la ville souffrait gravement d'une situation qui allait empirant chaque jour. Déjà, à deux reprises, en 1832 et en 1849, le choléra avait sévi à Londres et, à sa seconde invasion, il avait fait plus de 18.000 victimes. La troisième épidémie, celle de 1854, fut plus meurtrière encore. Quoiqu'il soit difficile d'expliquer la filiation mystérieuse qui peut exister entre une semblable maladie et l'état défectueux du drainage. il n'en fut pas moins établi, par les faits observés alors, qu'une semblable relation existe positivement. L'inspection des maisons de Londres, frappées dans les diverses épidémies, le montre clairement; on constate, en effet, ce fait capital que les maisons qui avaient été le plus ravagées par le fléau, dans ses premières apparitions, ont été, au contraire, préservées dans l'apparition suivante, époque où les conditions du drainage se trouvaient profondément améliorées dans ces quartiers. Cette vérité ne contribua pas peu à hâter un dénoûment appelé des vœux de tous, et le Conseil métropolitain fut enfin créé par l'Acte de 1856.

Ce fut un changement radical de système, non-seulement au point de vue des résultats techniques, mais au point de vue de l'esprit même des institutions. Le *self-government* local fut substitué à l'antique intervention de l'État. Depuis des siècles, en effet, les commissions des égouts étaient nommées par l'autorité centrale. Elles étaient irresponsables vis-à-vis des contribuables, pour le compte desquels, cependant, elles opéraient. En vertu du nouvel Acte, Londres est divisé en 39 districts. La Cité et les paroisses les plus importantes, telles que Marylebone et Lambeth, forment chacune un district; les autres districts sont composés des paroisses moins importantes, groupées ainsi qu'il convient. Les contribuables de chaque district ou paroisse, selon le cas, élisent parmi eux un certain nombre de représentants pour constituer un *conseil de district*, lequel a qualité pour tout ce qui concerne le drainage du district, le pavage, l'éclairage et autres objets semblables. Ces conseils locaux choisissent eux-mêmes dans leur sein un ou plusieurs délégués, selon l'importance de la population et l'étendue du district, et ce sont ces délégués qui constituent, par leur réunion, le Conseil métropolitain des travaux. Celui-ci compte actuellement quarante-cinq membres, ayant à leur tête un président électif. Le Conseil métropolitain a sous sa juridiction tout ce qui touche au *main drainage*, à l'endiguement de la Tamise, aux nouvelles voies et, en général, à toutes les améliorations intéressant la métropole. En même temps il trace des règlements dans lesquels les conseils de districts sont tenus de se renfermer pour leur propre gestion.

La nouvelle institution est armée, on le voit, d'une grande force : elle l'a puisée à la fois dans son origine, essentiellement populaire, et dans sa complète indépendance de l'autorité centrale. Elle peut réaliser de grandes choses, n'ayant point à redouter l'opposition des habitants, de qui elle émane, et n'étant point arrêtée par les barrières artificielles qui s'élevaient autrefois entre les diverses parties de la ville. C'est quelque chose d'analogue à nos conseils municipaux, mais avec des attributions plus larges en ce qui concerne les travaux publics, et plus d'autorité réelle pour les faire exécuter (*).

(*) On peut regretter seulement la division de pouvoir qui existe encore au-dessous du Conseil métropolitain entre les conseils de districts, et la situation exceptionnelle conservée par la Cité, au sein de la métropole, qui l'entoure en quelque sorte sans la pénétrer. Il y a là un complément de réforme dont l'opinion publique commence à se préoccuper. (Voir notamment le *Times* du 19 mai 1867.)

Note c.

Les évaluations relatives aux eaux d'égout sont très-divergentes. Le baron Liebig, faisant le calcul des éléments chimiques contenus dans les liquides enrichis par les matières fécales, et raisonnant sur une population de 2 millions d'adultes, trouve que la valeur des eaux de Londres serait un peu supérieure à 50 millions (*Lettre au lord maire*, du 19 janvier 1865). Ce chiffre devrait même, d'après ces bases, être porté à 60 millions au moins, en tenant compte de la population réelle. Mais comme le fait remarquer l'illustre chimiste, l'état de dilution dans lequel se trouvent ces éléments en modifie considérablement la valeur théorique. Le docteur A. Vœlcker fixe cette valeur à 30 millions environ, soit 2 deniers ou 20 centimes la tonne, pour 400.000 mètres cubes par jour (*Enquête de* 1863); chiffres que M. R. Rawlinson est disposé à accepter (*Enquête de* 1864). Le professeur Way, qui donne une des évaluations les plus basses, admet pourtant une valeur de 1 denier à 1 denier 1/2 la tonne, qui correspond à 20 millions (*Enquête de* 1864). A côté de ces évaluations, d'un caractère plutôt théorique, se placent celles des agriculteurs, qui cherchent à tarifer l'engrais des villes d'après les résultats commerciaux qu'il donne dans la pratique. Mais ici une distinction capitale est à faire, selon que l'eau d'égout est employée par le cultivateur, *à sa convenance*, c'est-à-dire au moment et dans la proportion qui lui plaît, ou selon, au contraire, qu'il est obligé de l'absorber continuellement sur ses terres; en d'autres termes selon que l'irrigation est conduite exclusivement au point de vue de la culture ou exclusivement au point de vue de la salubrité publique. M. Lawes, qui a dirigé les expériences de Rugby, porte, dans un cas, la valeur au delà de 30 millions, et dans l'autre cas, au-dessous de 7 millions, c'est-à-dire à plus de 2 deniers ou à moins de 1/2 denier la tonne. (*Enquête de* 1865.) MM. Archibald Campbell, Joseph Paxton, Samuel Bury, Congrève et autres agronomes acceptent volontiers le chiffre de 20 centimes ou 30 millions (*même enquête*). On le voit également reproduit par divers fermiers, MM. Fr. Wagstaff, Watershaws, mais sous la condition de recevoir le liquide à leur convenance (*même enquête*). Quelques autres vont plus loin et admettent le chiffre de 25 à 30 centimes, ce qui correspond à une quarantaine de millions. Ainsi, laissant de côté, comme évidemment trop élevée, l'estimation théorique de M. Liebig, on voit que les évaluations varient entre 7 et 40 millions, soit une moyenne de 25 millions, et que cette moyenne est en même temps celle que formulent les agriculteurs (de 20 à 30 millions), dans l'hypothèse où les eaux sont employées par eux à leur convenance. Si donc il est possible de réaliser une combinaison qui satisfasse à peu près à cette condition, et le projet même de la Compagnie actuelle la réalise pleinement, le chiffre de 25 millions, correspondant à 15 centimes environ le mètre cube, peut être considéré comme représentant la valeur annuelle des eaux d'égout de la ville de Londres.

Note *d.*

Voici les conclusions générales du troisième rapport, en date de 1865, des commissaires royaux institués pour expérimenter l'usage des eaux d'égout à Rugby. Elles sont signées par MM. John Bennet Lawes et J. Thomas Way, commissaires spécialement délégués, et ont été acceptées par la commission tout entière, composée des cinq hommes éminents dont les noms suivent : comte Essex, président, Robert Rawlinson, J. Thomas Way, J. B. Lawes et John Simon (*).

1° « Pour obtenir le maximum de produit correspondant à une « quantité donnée d'eau d'égout, il faudrait l'appliquer à faible « dose et par des temps secs; mais le grand état de dilution de « l'engrais, son flux journalier en toutes saisons, et la quantité « d'eau qui augmente encore en temps de pluie, au moment même « où la terre s'accommode le moins d'en recevoir, rend tout à « fait impossible de l'appliquer, sur une large échelle, aux terres « arables portant des céréales ou d'autres récoltes alternées.

2° « En supposant qu'on prît des dispositions pour distribuer « l'eau d'égout sur une surface suffisamment étendue, en vue de « retirer le plein profit et de l'eau et de l'engrais, aux moments « les plus favorables de l'année, la dépense des conduites principales serait très-grande, l'application sur la terre arable exige- « rait essentiellement l'emploi des tuyaux et de la lance au lieu de « rigoles découvertes, et même ainsi on ne parviendrait à utiliser

(*) Ces personnages sont tous célèbres, en Angleterre, à des titres divers : le comte d'Essex est un des premiers agronomes du Royaume-Uni; Robert Rawlinson est inspecteur général des travaux publics; Th. Way est un des chimistes les plus écoutés en matière agricole; J. B. Lawes est le plus grand fabricant d'engrais artificiels du monde entier, et John Simon a fait, depuis longtemps, sa réputation comme hygiéniste.

« qu'une faible partie de la quantité totale; le reste du temps l'eau « devrait être répandue en abondance sur des prairies, aux mo« ments les moins favorables de l'année et, par suite, donnerait « beaucoup moins de bénéfices.

3° Eu égard au coût de la distribution, il est probable que le « mode d'emploi le plus avantageux consisterait à restreindre les « surfaces en adoptant des arrangements spéciaux en vue d'appli« quer la plus forte part, sinon la totalité de l'eau, à des prairies « permanentes ou autres, disposées de façon à pouvoir la prendre « toute l'année, en ne comptant qu'occasionnellement sur d'autres « cultures situées à proximité de l'aire ainsi desservie. On ferait « surtout fond, pour obtenir au moyen de l'eau d'égout des pro« duits autres que le lait et la viande, sur le défoncement pério« dique des prairies et sur l'application à la terre labourée de l'en« grais solide résultant de la putréfaction des herbes irriguées.

4° « Il est probable que la dose d'environ 12.000 mètres cubes à « l'hectare, judicieusement appliquée sur des prairies bien dis« posées pour la recevoir, assurerait, dans la grande majorité des « cas, le résultat le plus avantageux.

5° « En supposant une application de 12.000 mètres cubes à « l'hectare de prairies, l'eau se trouverait, sans aucun doute, « assez bien purifiée pour être évacuée ensuite aux rivières sans « crainte de nuire au poisson. Les cours d'eau, recevant des li« quides ainsi purifiés en place de ceux qui s'échappent directe« ment des villes, seraient grandement améliorés au point de vue « de l'alimentation publique; mais quant à dire si l'améliora« tion serait suffisante pour une telle destination, c'est là une « question qui exige d'autres expériences et de nouvelles investi« gations avant qu'on puisse y répondre d'une manière satisfai« sante, et il est probable que la réponse variera suivant les cir« constances.

6° « Admettant que la quantité moyenne d'eau d'égout de la mé« tropole, y compris les eaux pluviales et souterraines, monte « à 100 mètres cubes par personne et par an, 5.000 mètres cubes « représenteraient les déjections et autres matières provenant de « 50 individus; et, pour une population de 3 millions d'âmes, il « faudrait une surface d'environ 25.000 hectares constamment « arrosée (*).

(*) En fait, il suffit d'une surface beaucoup moindre, puisqu'on convient de perdre directement au fleuve les eaux des grosses pluies, ce qui diminue l'eau d'arrosage de plus de moitié.

7° « Les seuls chiffres exacts qu'on ait sur les résultats de l'ap-
« plication de l'eau d'égout aux céréales sont ceux qui provien-
« nent des expériences faites par le comte d'Essex sur du blé, et
« ceux obtenus avec de l'avoine à Rugby et consignés dans ce
« rapport; dans les deux cas, l'accroissement de produits repré-
« sente un très-gros profit par mètre cube d'eau employé. Les cir-
« constances dans lesquelles ont eu lieu les expériences de Rugby
« étaient, il est vrai, tout à fait exceptionnelles; et, dans les en-
« droits où les applications les plus étendues de ce genre ont été
« faites, à un point de vue commercial, notamment à Watford,
« Rugby et Alnwick, la pratique a été abandonnée; d'autre part,
« à Édimbourg et à Croydon où les meilleurs résultats de prairies
« ont été obtenus, l'application au blé et autres récoltes alter-
« nées ne fait point partie de l'ensemble du système adopté.

8° « A en juger par les résultats des expériences et par ceux de
« la pratique ordinaire, on doit admettre que l'emploi le plus
« avantageux de l'eau, dans la majorité des cas, consistera à l'ap-
« pliquer à raison de 12.000 mètres cubes environ par hectare de
« prairie ordinaire ou de ray-grass d'Italie; mais le fermier ne
« payerait pas 8 centimes ni probablement 5 centimes le mètre
« cube, *tout le long de l'année*, pour répandre sur sa terre une
« eau de la richesse moyenne de celle de la métropole (exclusion
« faite des averses). »

En résumé, il ressort de l'ensemble de ces conclusions que l'eau d'égout doit être employée, de préférence, à l'arrosage des prairies permanentes, et qu'avec cette nature de culture, la dose, à l'hectare, peut être poussée jusqu'à 12 ou 15.000 mètres cubes, si le terrain offre des facilités suffisantes à l'absorption et à l'écoulement des liquides. Mais, en même temps, on ne doit pas s'attendre à ce que les cultivateurs consentent à payer cette eau à un prix élevé, s'ils sont obligés d'en faire usage toute l'année, c'est-à-dire sans égard pour les convenances de leurs récoltes.

Note *e*.

Les lignes qui suivent sont empruntées au rapport adressé en 1865 au Conseil métropolitain des travaux par la commission chargée de visiter les irrigations de Rugby, Croydon, Carlisle et Édimbourg. Ce document est doublement intéressant, en ce qu'il est, d'une part, le plus récent qui ait été publié sur ce sujet et en ce qu'il émane, d'autres part, d'hommes essentiellement pratiques, qui avaient à résoudre une question toute semblable pour la ville même qu'ils administraient (*).

« .... Notre comité s'est occupé d'abord d'examiner la ville de « Rugby, où l'eau d'égout est appliquée à la terre depuis onze ans. « Sa population est de 8.000 âmes, et la totalité des déjections de « la ville est amenée, par un conduit de 45 centimètres de dia- « mètre, à des pompes à feu, à l'ouest du North Western Railway, « où, après une filtration sommaire à travers des claies en osier, « elle est élevée à une hauteur de 6 à 9 mètres pour être distribuée « sur les terres.

« Les opinions différant beaucoup sur le mérite des opérations « conduites à Rugby, il importe d'expliquer que la surface totale « consacrée à l'irrigation est d'environ 180 hectares, dont 160 ap- « partiennent à M. Walker et ont été affermés par M. Campbell, et « dont 6 ont été le champ d'expériences de M. Lawes, pour le « compte de la commission royale.

« La qualité et le niveau du sol varient beaucoup : la surface est « généralement formée d'une argile compacte, passant parfois au « sable, avec sous-sol argileux ; certaines portions sont très-peu au- « dessus du niveau des rigoles dans lesquelles elles s'égouttent, « d'autres sont au moins à 9 mètres plus haut. On doit naturelle- « ment s'attendre à ce que les résultats obtenus varient un peu. Le « tout est disposé en gazon, ou, pour parler plus exactement, l'eau « d'égout a été appliquée à de vieux pâturages, sans autres travaux « préparatoires qu'une série de petites rigoles et de fossés qui re- « çoivent l'eau de la conduite de décharge et la distribuent par « gravitation sur la surface.

« Naguère la distribution s'effectuait à la lance, mais M. Walker « l'a abandonnée comme trop coûteuse et comme restreignant sans « nécessité l'écoulement de l'eau.

« La différence entre les terres arrosées et les autres sautait aux « yeux ; en outre les premières différaient notablement entre elles, « par suite de l'inégale répartition de l'eau d'égout, selon que la « terre avait été disposée en plans inclinés ou n'avait reçu aucune « préparation spéciale.

(*) Quelques-uns des chiffres fournis par la commission diffèrent de ceux que nous avons donnés nous-même dans notre rapport sur l'Angleterre de 1862-1863 (publié en 1864). Mais nous pensons que ceux de la commission méritent plus de confiance, d'abord parce que sa visite des lieux est postérieure à la nôtre, et ensuite parce que cette visite a été faite par des personnes investies d'une qualité qui devait faciliter beaucoup leurs investigations.

« M. Walker n'a pas le moyen de mesurer exactement la « quantité d'eau donnée à la terre, mais il l'estime entre 1.250 « et 2.500 mètres cubes à l'hectare, dans l'année, en cinq ou six « arrosages. Il paye pour cela 1.250 francs par an au conseil « local.

« Votre comité n'a pu obtenir exactement, ni du propriétaire « ni du fermier, le chiffre du rendement à l'hectare, sous forme « soit de coupe verte, soit de foin, soit d'herbe mangée sur place, « les trois modes ayant été concurremment employés; mais ils ont « dit que l'hectare qui pouvait être loué précédemment 110 francs « par an, pourrait l'être aujourd'hui à 220 francs au moins, en « sorte que la valeur aurait doublé. De plus, le propriétaire est « convaincu que ni la disposition du terrain, ni le mode d'emploi « de l'eau, ni l'espèce de gazon ne sont tout ce qu'ils pourraient « être. Toutefois nous devons ajouter que le premier fermier paraît « avoir abandonné sa ferme sans répugnance, et que le second ex- « prime de grands doutes sur le bénéfice que l'irrigation aurait « procurés.

« Après Rugby, votre comité a visité Croydon, où il a trouvé une « application de l'eau d'égout beaucoup plus complète. La terre « traitée confine Beddington Park, et consiste en 100 hectares d'un « sol glaiseux, reposant sur la craie; toute la surface possède une « bonne inclinaison vers la Wandle, éminemment favorable aux « succès de l'opération. L'eau d'égout est filtrée sommairement et « amenée par gravitation dans un canal ouvert au sommet des « terres; de là elle se distribue par de petits fossés ou tranchées, « et coule à la surface au moyen de rigoles temporaires tracées « çà et là par les laboureurs. La population dont les déjections « sont ainsi amenées sur les terres, est de 17.000 âmes; la dose « annuelle à l'hectare passe pour être de 7.500 mètres cubes; un « dixième de la surface totale est arrosé à la fois, en sorte que « chaque portion reçoit l'eau trente-six jours par an. Le liquide « coule environ pendant cinq heures sur la terre, et ce temps est « tout à fait suffisant pour le *désodoriser* et pour permettre aux « herbes de le dépouiller de ses matières fertilisantes. Après deux « ou trois jours d'irrigations, le flot qui abandonne les terres est à « peu près insipide, incolore et inodore. La plus grande partie de « la ferme porte du ray-grass d'Italie, qu'il faut renouveler tous « les trois ans, et les produits paraissent très-considérables; mais « quelques portions sont encore à l'état de prairies naturelles. Le « conseil de Croydon loue cette ferme à raison de 250 francs par « hectare et la sous-loue à M. Marriage sur le pied de 312f,50, de

« sorte qu'il réalise un bénéfice de 6.250 francs, qui vient en ré-
« duction des taxes locales. Votre comité ne pourrait assigner
« exactement le poids de l'herbe produite. Il y a quatre coupes
« annuelles et chacune se vend environ 500 francs par hectare;
« l'herbe est surtout employée pour nourrir à l'étable des vaches
« laitières. Les travaux préparatoires du sol, en vue de l'arrosage,
« ont coûté de 4 à 600 francs par hectare, desquels le conseil a
« payé 250 : la dépense pour la filtration sommaire est à peu près
« compensée par la vente des dépôts, qui atteint $1^f,90$ la charretée.

« A Carlisle, votre comité a trouvé une portion seulement de
« l'eau d'égout appliquée à la terre. La population totale est de
« 30.000 âmes. Pour 8.000 environ, les déjections se perdent à
« l'Eden par un conduit séparé, sous l'une des prairies occupées
« par M. Mac Dougall; pour les 22.000 autres, elles sont amenées
« par un aqueduc à un appareil à vapeur de cinq chevaux, qui les
« remonte à 3 mètres ou $3^m,50$ de haut, après qu'elles ont été dés-
« infectées par l'adjonction d'acide carbolique ou de *fluide désin-*
« *fectant* de M. Mac Dougall, dans la proportion de 55 litres pour
« 2.270 mètres cubes environ de liquide par jour, ce qui entraîne
« une dépense de 625 francs par an. L'eau ainsi traitée est versée
« par les pompes dans un fossé découvert, parallèle à la rivière
« Caldew, et elle est distribuée à la terre au moyen d'auges mobiles
« en fonte. Originairement, la distribution s'effectuait par des ri-
« goles tracées dans le sol, mais elles étaient comblées par les
« inondations, qui sont très-fréquentes en cet endroit, ou foulées
« par les bestiaux, de sorte que la dépense à faire pour les main-
« tenir en état était plus grande que celle des auges. M. Mac Dou-
« gall afferme du duc de Devonshire 42 hectares, mais il n'en
« arrose que 28 situés entre les rivières Caldew et Eden, et le Canal
« Calédonien.

« Tout le sol est sableux et très-poreux, laissant filtrer l'eau
« librement, et il est disposé en pâturage ordinaire. Les prairies
« ne paraissent pas avoir reçu de gazon artificiel, et elles sont en-
« tièrement broutées par le bétail. Aucune partie du fourrage n'est
« coupée et exportée; conséquemment, le résultat net est difficile
« à connaître. Votre comité a appris que chaque portion était
« irriguée quatre fois par an; la dose à l'hectare ne paraît pas
« très-exactement fixée, mais en admettant un débit moyen de
« 2.000 mètres cubes par jour, ce serait une dose de 20 à 22.000
« mètres cubes par hectare et par an. La surface totale est de
« 42 hectares, dont 28 arrosés et 14 non arrosés. Elle porte ha-
« bituellement 600 moutons et de 90 à 120 têtes de gros bétail,

« pour lesquels les nourrisseurs payent une redevance hebdomadaire de 4f,40 à 5 francs, par tête de gros bétail, et de 0f,65 par mouton; mais la meilleure mesure de la valeur, c'est ce fait, que M. Mac Dougall vient justement de sous-louer le tout à M. Hetherington, boucher de Carlisle, pour une année, au prix de 20.000 francs, ou à raison d'un revenu imposable de 12.000 francs.

« Carlisle est la seule ville visitée par le comité, où l'on ait essayé d'empêcher la putréfaction de l'eau d'égout; quant à Rugby, Croydon et Édimbourg, c'est l'application même au sol qui a pour résultat de diminuer l'odeur incommode. Dans aucun endroit il n'était possible de se méprendre sur la présence des liquides d'égout, tout étendus qu'ils fussent, coulant en abondance dans les canaux de distribution; mais, à Croydon, l'eau à sa sortie n'en conservait nul indice. A Édimbourg, où la quantité de liquide appliqué est plus grande, la purification était moins complète.

« A Carlisle, le pâturage qui recevait l'eau d'égout était beau et de bonne qualité, peut-être meilleur qu'aux autres endroits : on pourrait l'attribuer à ce que le bétail est gardé dessus, mais on a donné pour raison que l'acide carbolique ou phénique employé prévenait la décomposition, de sorte que l'azote contenu dans le liquide ne se combinait pas avec l'hydrogène ou avec l'acide carbonique pour former de l'ammoniaque libre ou du carbonate d'ammoniaque, deux composés qu'on accuse de stimuler les grosses herbes (lesquelles, par leur rapide développement, étouffent les espèces plus fines et moins robustes), mais que cet azote était fourni aux racines des plantes dans l'état même où il se trouvait originairement dans l'eau d'égout, et n'était libéré qu'en tant que de besoin, au fur et à mesure qu'il était absorbé par la végétation. On a dit aussi plus tard à votre comité qu'un autre avantage résultant de l'emploi de l'acide carbolique était la destruction des insectes parasites; mais votre comité s'abstient soigneusement d'exprimer une opinion sur aucun de ces points, désirant simplement rapporter ce qu'il a vu et entendu.

« Édimbourg est le dernier endroit visité par votre comité. La population totale est de 170.000 âmes, mais 80.000 seulement appartiennent à la région dont les eaux servent à l'irrigation. Il faut rappeler aussi que, tandis qu'à Croydon et à Carlisle presque toutes les maisons envoient leurs matières fécales aux égouts, la plus grande partie, au contraire, de celles du vieux Édimbourg sont dépourvues de cette disposition, et les excréments sont emportés

« chaque jour avec des charrettes. Cet état de choses affecte consé« quemment la valeur de l'eau d'égout qui sort de la ville par un « ruisseau découvert, du côté est, à un endroit nommé Sunny Bank, « sur la route de Berwick. L'eau a été, sur ce point, employée à l'ar« rosage, il y a plus de cent ans, et elle l'est encore, le ruisseau « contournant une prairie très-favorablement disposée pour cette « opération. De là elle coule au nord jusqu'à la ferme de Lochend, « comprenant environ 32 hectares d'argile ou de sable, avec sous« sol rocheux, occupée par M. Scott qui, pendant ces dix dernières « années, s'est donné beaucoup de mal pour appliquer l'eau dans « les meilleures conditions possibles. Il peut arroser une partie « par gravitation : pour le reste, il a fait construire une roue hy« draulique de quatre à cinq chevaux, faisant marcher quatre « pompes qui remontent l'eau sur 5 hectares, moyennant une dé« pense annuelle de 250 à 300 francs. La majeure partie de sa « terre porte du ray-grass d'Italie, qu'il faut labourer et réense« mencer tous les trois ans. Il fait trois coupes par an et arrose « trois fois entre deux coupes ; sur 12 hectares il a obtenu cinq « coupes. Il vend tout le produit à des nourrisseurs de vaches : « il n'a pas le compte du poids, mais a il assuré que sa terre, qu'on « aurait pu louer auparavant 320 francs l'hectare, rapportait au« jourd'hui 1.500 francs l'hectare. M. Scott a aussi un bassin ou ré« servoir, dans lequel il laisse l'eau déposer et d'où il retire une « quantité considérable de matière noire, de nature animale, qu'il « estime un engrais très-actif.

« Les Craigentinny meadows sont plus connus que les prairies « de Lochend. Elles sont sur le bord de la mer et longent la route « entre Leith et Portobello, à environ 2.300 mètres d'Édimbourg ; « elles sont la propriété de M. Samuel Christy Miller. Il y a là en tout « une centaine d'hectares, dont 80 sont arrosés par gravitation et « 20 au moyen d'une machine à vapeur. Leur nature varie beau« coup : la partie qui est le plus près de la mer, appelée Figgate « Whims, est absolument formée d'un sable pur qui est ramené « à la surface par un simple coup de bêche ; mais à l'ouest de la « route, le sol est formé d'un bon limon, passant à l'argile com« pacte près des bâtiments.

« L'eau d'égout arrive de la ville par un canal découvert et est « distribuée par des rigoles sur la surface de la terre, laquelle est « dans des conditions plutôt favorables, par suite d'une bonne in« clinaison vers la mer. Les renseignements obtenus sur les lieux « par votre comité, relativement à la quantité d'eau appliquée, « n'ont pas été concluants, car aucun moyen mécanique de jau-

« geage n'ayant été prévu, il est impossible de faire une estimation « même approximative. Mais il n'y a aucun doute sur les résul- « tats eux-mêmes : les coupes d'herbes sont affermées annuelle- « ment à l'enchère et le prix atteint de 1.250 à 1.750 francs par « hectare, dans la partie basse, et même, sur quelques points de la « partie haute, il s'est élevé jusqu'à 2.500 francs par hectare. « L'acheteur a le droit de faire autant de coupes qu'il veut, du « 1er avril au 10 octobre, époque où le propriétaire rentre en « jouissance de sa terre et fait pâturer des moutons pendant six « semaines avant l'hiver. Certaines parties de terrain passent pour « être irriguées depuis deux cents ans, mais la plus grande partie « l'est seulement depuis trente-cinq ans : elle a été alors ense- « mencée en gazon varié et ne l'a pas été de nouveau. La terre qui « avoisine la côte ne valait pas auparavant 16 francs de loyer par « hectare : elle en vaut aujourd'hui plus de 1.300. Il faut faire « observer que ni M. Scott, à Lochend, ni M. Miller, à Craigen- « tinny, ne payent rien à la ville d'Édimbourg pour l'eau d'égout, « qui, depuis un temps immémorial, s'est écoulée au ruisseau où « ils s'alimentent.

« Vos commissaires pensent que les renseignements qu'ils ont « recueillis aideront à aboutir à une bonne conclusion en ce qui « concerne les eaux d'égout de Londres. A Croydon, ils ont trouvé « que l'opération réussissait, quoique sur une échelle limitée, et « ils ont été informés que les résultats étaient rémunérateurs. A « Carlisle, où ils ont vu le seul procédé en usage pour prévenir « la putréfaction de l'eau d'égout, ils ont appris les avantages « indirects très-curieux qu'on lui attribue, ainsi qu'il est dit ci- « dessus. A Édimbourg, ils ont été témoins des bénéfices résul- « tant, après plusieurs années d'expérience, de l'utile application « de l'eau d'égout au sable de la mer.

« ..... Quelque incertitude paraît subsister encore relativement « à l'espèce de gazon qui convient le mieux à la terre arrosée avec « l'eau d'égout, ainsi que sur le point de savoir si quelque autre « nature de récolte pourrait être cultivée avec avantage..... »

NOTE *f*.

Nous donnons ci-après le texte des passages de l'Acte les plus essentiels à notre objet.

« ..... Attendu qu'il serait d'un haut intérêt public que l'eau « d'égout de l'émissaire nord pût être recueillie et transportée

« pour fertiliser les terres situées à l'est de Londres, et le surplus « convoyé à la mer près des sables de Foulness et de Dengie, dans « le comté d'Essex; et attendu que divers marais, bancs de limon, « bancs de sable et terrains incultes d'une vaste étendue dans le « comté d'Essex, connus sous les noms de Foulness Sands, de « Dengie Flats, de Saint Peter's Sands et de Ray Sands, sont préci- « sément couverts à la marée haute et conséquemment improduc- « tifs, mais sont susceptibles d'être repris sur la mer et utilisés « pour l'agriculture..... et attendu que ce résultat serait grande- « ment facilité par l'application de l'eau d'égout, et que l'eau « d'égout de la partie nord de Londres peut être avantageusement « amenée à ces terres et employée dans ce but.....

« (Art. 5.) L'honorable Henri William Petre, l'honorable William « Napier, l'honorable major Vereker, Sir William Russell, Samuel « Lucas, William Hope et toutes autres personnes et corporations « qui ont déjà souscrit ou qui souscriront ultérieurement pour « cette entreprise, seront unis en une Compagnie aux fins susmen- « tionnées, et resteront incorporés sous le nom de *Metropolis* « *sewage and Essex Reclamation Company*.

« (Art. 14.) Le capital actions de la Compagnie sera de 52.500.000 « francs, divisé en deux cent dix mille actions de 250 francs cha- « cune, et ce capital sera exclusivement employé à réaliser les « objets et fins du présent Acte.

« (Art. 15)... Il sera loisible aux administrateurs, avec la sanc- « tion des trois cinquièmes au moins des voix des actionnaires « présents..... de porter, par la création de nouvelles actions, le « capital de la Compagnie au chiffre total de 75 millions de francs.

« (Art. 19.) La Compagnie pourra émettre des obligations pour « telle somme qu'elle jugera à propos, jusqu'à concurrence du « chiffre de 17.500.000 francs, à la condition que la totalité du ca- « pital actions primitif de 52.500.000 francs ait été souscrit *bona* « *fide*.

« (Art. 21.) Si la Compagnie crée un nouveau capital actions « (en conformité de l'article 15), elle pourra, en addition de la « somme susdite de 17.500.000 francs, émettre de nouvelles obli- « gations jusqu'à concurrence du tiers du nouveau capital ainsi « créé.

« (Art. 33.) Sous les conditions du présent Acte et des Actes « auxquels il se réfère, la Compagnie pourra endiguer, dévier et « reprendre sur la mer les marais, bancs de limon, bancs de sable « et terres incultes désignés aux plans et documents déposés...

« (Art. 35.) La totalité de ces terrains sera indiguée et reprise

« dans le délai de quatorze ans à partir de la promulgation de cet « Acte, à moins que ce délai ne soit étendu par Sa Majesté en son « conseil...

« (Art 36.) Sous les conditions de cet Acte, la Compagnie pourra « modifier et détourner les lits des ruisseaux, cours d'eau, fossés « et tous débouchés quelconques par lesquels les eaux se déchar-« gent actuellement dans la mer à travers lesdits terrains, et elle « pourra convoyer ces eaux à la mer par le moyen de nouveaux « canaux pratiqués dans ces terrains....

« (Art. 37.) La Compagnie exécutera et entretiendra à ses frais « en bon état, tous les ouvrages nécessaires pour évacuer les « eaux.... de façon qu'un écoulement efficace soit assuré aux pro-« priétés avoisinant lesdits terrains....

« (Art. 40.) Pour mieux assurer cet écoulement, la Compagnie « est autorisée par le présent Acte à pénétrer, au besoin, dans « les propriétés avoisinantes et à y déboucher, draguer ou appro-« fondir tout conduit, canal, fossé ou cours d'eau et à le relier « avec les ouvrages analogues projetés par la Compagnie sur ses « terrains, en évitant tout dommage inutile.

« (Art. 63.) La Compagnie pourra fertiliser, arroser et cultiver « à sa guise les terrains repris sur la mer, les dessécher et les amé-« liorer de toute autre manière, et conduire telles opérations agri-« coles qu'elle jugera à propos, y compris l'élève et l'engrais du bé-« tail, et elle pourra ériger dans ce but telles maisons de ferme et « tels bâtiments d'exploitation qu'elle trouvera convenables.

« (Art. 64.) Elle pourra louer toute partie de ses terrains, pour « tel terme, à telle rente annuelle ou autre, et sous telles condi-« tions et restrictions qu'elle jugera à propos; mais, pour une « durée de bail excédant vingt et un ans, elle ne pourra conclure « qu'avec l'approbation du Conseil métropolitain.

« (Art. 65.) Elle pourra, après que les terrains auront été endi-« gués et repris sur la mer, les hypothéquer ainsi qu'il lui con-« viendra, avec l'approbation du Conseil métropolitain.

« (Art. 66.) Et pour mettre la Compagnie en état de transpor-« ter tout ou partie des eaux d'égoût de Londres et de les appliquer « à la fertilisation et à l'arrosage des terres, elle est autorisée à « établir et conserver les conduits et canaux ci-après mentionnés « ainsi que tous les ouvrages qui en dépendent; savoir :

« 1° Un conduit, appelé *conduit principal*, partant de l'émis-« saire nord de Londres et aboutissant au Crouch, dans la paroisse « de Rawreth ;

« 2° Un conduit, appelé *branche de Dengie*, partant de l'extré-

« mité du conduit principal et aboutissant près de Tillingham, » dans la paroisse de Dengie ;

« 3° Un conduit, appelé *branche de Foulness*, partant de l'extré- « mité du conduit principal et aboutissant à Eastwick Head, dans « la paroisse de Foulness ;

« 4° Un conduit, appelé *branche de Woolwich*, partant du réser- « voir de Barking Creek et aboutissant au conduit principal, dans « la paroisse de Dagenham.

« Art. 70. La section du conduit principal ne sera pas infé- « rieure à l'aire d'un cercle de 2^m,80 de diamètre, et sa pente « moindre de 20 centimètres par kilomètre; les branches de « Dengie et de Foulness seront suffisantes pour écouler toute l'eau « passant par le conduit principal ; et tous ces conduits seront « construits en briques ou autres matériaux convenus entre la « Compagnie et le Conseil métropolitain, et auront des débouchés « convenables à la mer.

« (Art. 71.) La Compagnie pourra, sous les conditions prévues « au présent Acte, établir et conserver lesdits conduits suivant « les lignes et sur les terrains désignés aux plans et documents « déposés, et elle pourra pénétrer sur ces terrains, les prendre et « en disposer pour les besoins de ses travaux.

« (Art. 72.) Les pouvoirs conférés par le présent Acte pour l'ex- « propriation des terrains nécessaires aux travaux de la Compagnie « ne pourront plus être exercés après la septième année, à partir « de la promulgation de cet Acte.

« (Art. 77.) La Compagnie prendra ses mesures pour que les « conduits et ouvrages autorisés par cet Acte, soient construits, « couverts et entretenus de façon à ne pouvoir incommoder le « voisinage ni nuire à la santé publique.

« (Art. 78.) La Compagnie établira et entretiendra les ouvrages « suivants pour les besoins des propriétés riveraines..... (Suit une « énumération analogue à celle qui concerne les chemins de fer, « pour le passage des habitants, l'écoulement des eaux, etc.)

« (Art. 100.) Lesdits conduits seront terminés dans le délai de « dix ans, à partir de la promulgation du présent Acte, et à l'expi- « ration de cette période les pouvoirs conférés par cet Acte à la « Compagnie cesseront, excepté pour la portion de ces conduits « qui demeurera alors à exécuter.

« (Art. 102.) Sous les conditions de cet Acte, la Compagnie pourra « employer et approprier l'eau d'égout à l'irrigation et à la ferti- « lisation des terres lui appartenant ou affermées par elle ; elle « pourra aussi, d'accord avec les propriétaires ou les tenanciers

« de tous terrains, leur fournir l'eau d'égout pour l'irrigation et la « fertilisation de leurs terres, à la condition qu'aucune irrigation « n'ait lieu dans le rayon de 3.200 mètres de la métropole, ainsi « qu'elle est délimitée par le *Metropolis management Act*, 1855.

« (Art. 103.) Dans le but de fournir l'eau d'égout pour l'irriga-« tion des terres, la Compagnie pourra, sous les conditions de cet « Acte, pratiquer toutes les ouvertures nécessaires dans les con-« duits, exécuter et conserver..... tous ouvrages et appareils néces-« saires dans les terrains lui appartenant ou lui ayant été affermés, « ou sur lesquels elle a un droit de servitude, ainsi que dans tous « les autres terrains, avec le consentement des propriétaires ou « tenanciers; elle pourra aussi exécuter et conserver tels conduits, « tuyaux ou drains couverts qu'elle jugera nécessaires, sous le sol « de toute route ou chemin public.

« (Art. 105.) Avant qu'aucune voie publique soit ouverte ou « coupée par la Compagnie, elle en donnera avis aux personnes « dans les attributions desquelles la route est placée, en écrivant « au moins trois jours avant de commencer les opérations.

« (Art. 110.) Rien, dans cet Acte, ne met la Compagnie à l'abri de « toute action ou poursuite en dommages-intérêts pour le cas où « elle nuirait de quelque façon en conduisant ou disposant des « eaux d'égout et de leurs résidus, ou pour le cas où quelque in-« convient résulterait d'un manque de réparation à ses ouvrages.

« (Art. 111.) Il sera loisible à l'un des principaux secrétaires « d'État de Sa Majesté, et à sa discrétion, sur l'avis d'un dommage « causé par l'exécution de quelque ouvrage, par le traitement ou « l'emploi de l'eau d'égout.. de diriger telle action ou de prendre « telle autre mesure contre la Compagnie qu'il pourra juger à pro-« pos, en vue de prévenir ou de supprimer la cause du dommage « susmentionné.

« (Art. 115.) La convention déjà rappelée, passée entre le Conseil « métropolitain des travaux et MM. Napier et Hope, à la date du « 24 février 1865, dont une copie est annexée à cet Acte, est con-« firmée et ratifiée, excepté en ce qui pourrait être contraire au « présent Acte, et ladite convention, avec tous les bénéfices de la « concession des eaux d'égout, et tous les autres droits, priviléges « et avantages conférés aux concessionnaires, est transportée à la « Compagnie..... substituée sous tous les rapports auxdits MM. Na-« pier et Hope..... »

(Extraits du *Metropolis sewage and Essex reclamation Act*, en date du 19 juin 1865.)

Voici maintenant quelques-unes des dispositions principales de la convention passée, le 24 février 1865, entre le Conseil métropolitain et MM. Napier et Hope :

« (Art. 1er.) Le Conseil métropolitain concède à MM. Napier et « Hope le privilége exclusif et l'absolue propriété des eaux d'égout « de la région nord de Londres, recueillies dans l'émissaire, y « compris les dépôts et résidus des réservoirs, pour une période de « cinquante ans à compter de la quatrième année qui suivra la pro- « mulgation de l'Acte parlementaire.....

« (Art. 5.) L'eau d'égout sera délivrée aux concessionnaires en « l'état où elle se trouve naturellement dans l'émissaire.

« (Art. 10.) Toutes les communications entre les ouvrages des « concessionnaires et l'émissaire, le réservoir et les autres ou- « vrages du Conseil, seront exécutées et entretenues aux frais des « concessionnaires ; mais le mode d'exécution de ces communica- « tions sera soumis à l'approbation préalable de l'ingénieur du Con- « seil.....

« (Art. 18.) En fournissant de l'eau d'égout pour l'irrigation des « terres situées à droite et à gauche de leurs aqueducs, les conces- « sionnaires ne devront délivrer que la quantité d'eau qui, eu « égard à la nature du sol et de la culture, pourra être absorbée de « façon à prévenir tout écoulement de matières nuisibles dans les « puits, viviers, sources, rivières et cours d'eau situés à droite et « à gauche des aqueducs.

« (Art. 23.) Le Conseil aura pouvoir à toute époque pour visiter « et inspecter par lui-même et ses agents les travaux de l'entre- « prise, aussi bien pendant leur exécution qu'après leur achève- « ment.

« (Art. 24.) Après payement des charges des emprunts contractés « par les concessionnaires, en vertu de la présente convention, et « des dépenses de l'exploitation, le profit net des concessionnaires « sera affecté et partagé comme il suit :

« Les profits nets, jusqu'à concurrence d'un intérêt annuel « maximum de 5 p. 100 à servir aux actionnaires, appartiendront « exclusivement aux concessionnaires ; les profits nets, après pré- « lèvement desdits intérêts de 5 p. 100, jusqu'à concurrence d'un « nouveau revenu de 10 p. 100 par an à ajouter auxdits intérêts, se- « ront partagés par moitié entre les concessionnaires et le Conseil « métropolitain ; les profits nets, après prélèvement desdits intérêts « de 5 p. 100, et jusqu'à concurrence de 20 p. 100 à ajouter auxdits « 5 p. 100, seront, pour toute la portion qui excède le revenu addi- « tionnel susdit de 10 p. 100 servi aux capitaux, partagés entre

« les concessionnaires et le Conseil dans la proportion de 1/4 aux « concessionnaires et de 3/4 au Conseil.

« Tout profit net au delà sera partagé par moitié entre les con-« cessionnaires et le conseil.

« Le présent article aura son effet dès l'expiration de la qua-« trième année qui suivra la promulgation de l'Acte parlementaire.

« (Art. 25.) Les concessionnaires auront des comptes réguliers, « constamment à jour..... et le Conseil aura le droit..... d'inspecter « et d'examiner tous les livres de comptes des concessionnaires, « et de prendre gratuitement tels extraits ou copie qu'il jugera à « propos.

« (Art. 28.) En donnant avis aux concessionnaires deux ans au « moins avant l'expiration de la trentière année de la concession, « le Conseil aura le droit, à l'expiration de cette trentième année, « de requérir la révision par des arbitres des stipulations de la « convention relative à la répartition des profits. »

TABLE DES MATIÈRES.

Mise en culture des sables littoraux.

Paris. — Imprimé par E. THUNOT et Cie, rue Racine, 26.

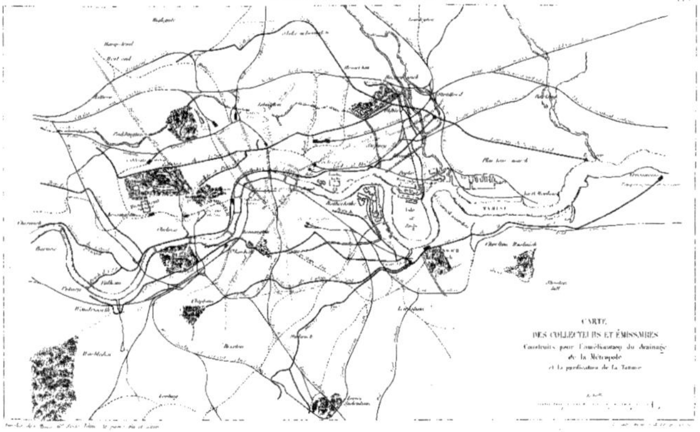

CARTE
DES COLLECTEURS ET ÉMISSAIRES
Construits pour l'amélioration du drainage
de la Métropole
et la purification de la Tamise

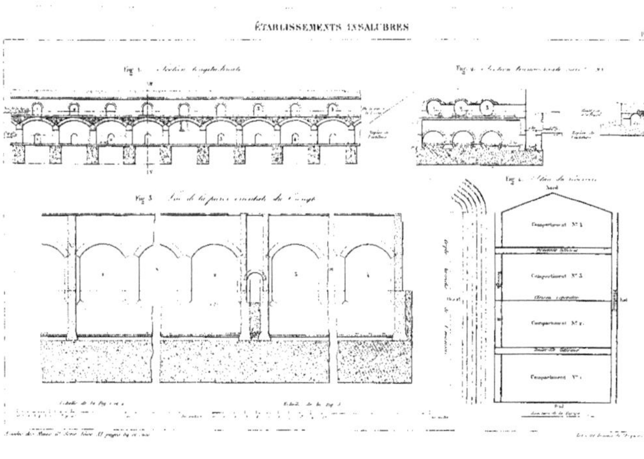

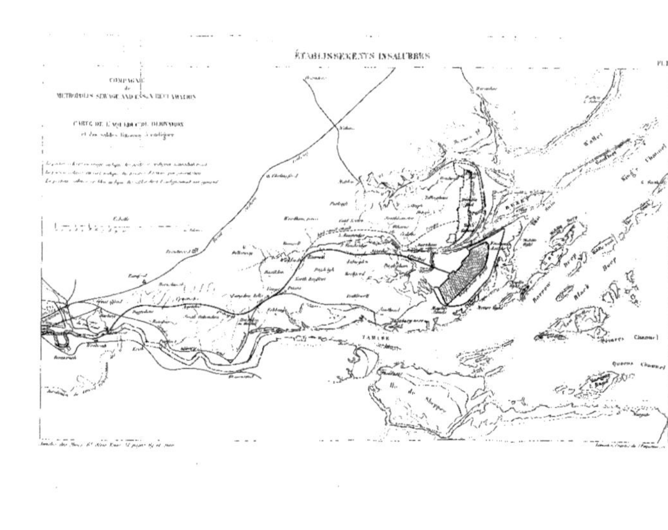
COMPAGNIE
de
METROPOLIS SEWAGE AND ESSEX RECLAMATION
CARTE DE L'AQUEDUC DE DÉRIVATION
Échelle
TAMISE
Queens Channel
Channel

PUBLICATIONS DE M. J. CLAUDEL, INGÉNIEUR CIVIL.

AIDE-MÉMOIRE
DES INGÉNIEURS, DES ARCHITECTES, ETC.

PARTIE THÉORIQUE

OU

INTRODUCTION A LA SCIENCE DE L'INGÉNIEUR.

QUATRIÈME ÉDITION

ENTIÈREMENT REFONDUE, ET AUGMENTÉE DE NOTIONS SUR LE CALCUL DIFFÉRENTIEL ET INTÉGRAL.

Un fort volume in-8° avec nombreuses figures dans le texte

Prix : 10 francs.

Cet ouvrage comprend : l'ensemble complet de toutes les règles d'Arithmétique, d'Algèbre et de Géométrie, avec des applications et un grand nombre de renseignements que l'on ne trouve pas dans les ouvrages élémentaires ; la Trigonométrie rectiligne, avec une table des Expressions trigonométriques ; les Tracés des courbes employées dans les arts ; le Levé des plans, l'Arpentage et le Nivellement ; enfin la Mécanique, où se trouvent développés les principes de Dynamique, d'Hydrostatique et d'Hydrodynamique suffisants pour bien faire comprendre tous les ouvrages de mécanique pratique.

PARTIE PRATIQUE

OU

FORMULES TABLES ET RENSEIGNEMENTS USUELS.

SEPTIÈME ÉDITION

REVUE ET AUGMENTÉE.

Un très-fort volume in-8° de 1300 pages environ avec nombreuses figures

Prix : 13 francs 50.

Principales divisions de l'ouvrage : Ire partie. Des moteurs naturels animés et inanimés. — IIe partie. Chaleur appliquée aux arts industriels. — IIIe partie. Machines à vapeur. — IVe partie. Chemins de fer. — Ve partie. Architecture. — VIe partie. Routes. Ponts. Canaux. — Supplément. — Tables diverses.

PRATIQUE

DE

L'ART DE CONSTRUIRE

MAÇONNERIE, TERRASSE ET PLATRERIE,

CONNAISSANCES RELATIVES A L'EXÉCUTION ET A L'ESTIMATION DES TRAVAUX DE MAÇONNERIE, DE TERRASSE ET DE PLATRERIE ET EN PARTICULIER DE CEUX DU BATIMENT,

Ouvrage utile

AUX INGÉNIEURS, ARCHITECTES, ENTREPRENEURS, CONDUCTEURS, MÉTREURS, OUVRIERS MAÇONS ET TERRASSIERS,

PAR J. CLAUDEL,

Ingénieur civil, ancien élève de l'École centrale des arts et manufactures, professeur de mécanique à l'Association philotechnique,

ET

L. LAROQUE,

Constructeur, attaché à la direction des travaux de l'exploitation du ciment Gariel, de Vassy.

Quatrième Édition

REVUE ET CONSIDÉRABLEMENT AUGMENTÉE

Un fort volume in-8, avec un grand nombre de figures intercalées dans le texte.

Prix : 9 francs.

TRAITÉ SPÉCIAL

DE COUPE DES PIERRES

PAR J. P. DOULIOT

Ancien Professeur d'Architecture et de Construction à l'École impériale de dessin, de mathématique, d'architecture, etc., appliqués aux Arts industriels.

Deuxième Édition

REVUE, CORRIGÉE ET CONSIDÉRABLEMENT AUGMENTÉE

Les XIX premiers chapitres

PAR F. JAY

Architecte en Chef de la seconde section de la ville de Paris et des Travaux publics, Professeur aux Écoles impériales des Beaux-Arts et de Dessin, etc., etc.

et les XXIII derniers chapitres

CONTENANT UN TRAITÉ COMPLET DES PONTS BIAIS

PAR J. CLAUDEL ET L. A. BARRÉ

Ingénieurs civils, anciens Élèves de l'École centrale des Arts et Manufactures, Professeurs aux Associations Philotechnique et Polytechnique.

Prix : 30 francs.

Comptes faits ou **Table de multiplication**, contenant les produits des nombres variant de centième en centième depuis 0,01 jusqu'à 10 unités, par les nombres variant de dixième en dixième depuis 0,1 jusqu'à 10 unités, c'est-à-dire, en négligeant la virgule, contenant les produits des nombres entiers de 1 à 1,000; à l'usage des ingénieurs, des architectes, des vérificateurs, des entrepreneurs, des industriels, des commerçants, etc., avec un texte explicatif pour l'usage de ces tables. Un beau volume in-8, imprimé et corrigé avec le plus grand soin. . . . . 4 fr. 50

Tables des *carrés* et des *cubes* des nombres entiers successifs de 1 à 10,000; des *longueurs des circonférences* et des *surfaces des cercles* dont les diamètres sont exprimés par les nombres entiers de 1 à 1,000; des *expressions trigonométriques naturelles* des angles successifs de minute en minute, avec un *nouveau texte* explicatif pour l'usage de ces tables. In-8 collationné et imprimé avec grand soin. . . . . 3 fr. 50

Paris. — Imprimé par E. Thunot et Cᵉ, rue Racine, 26.

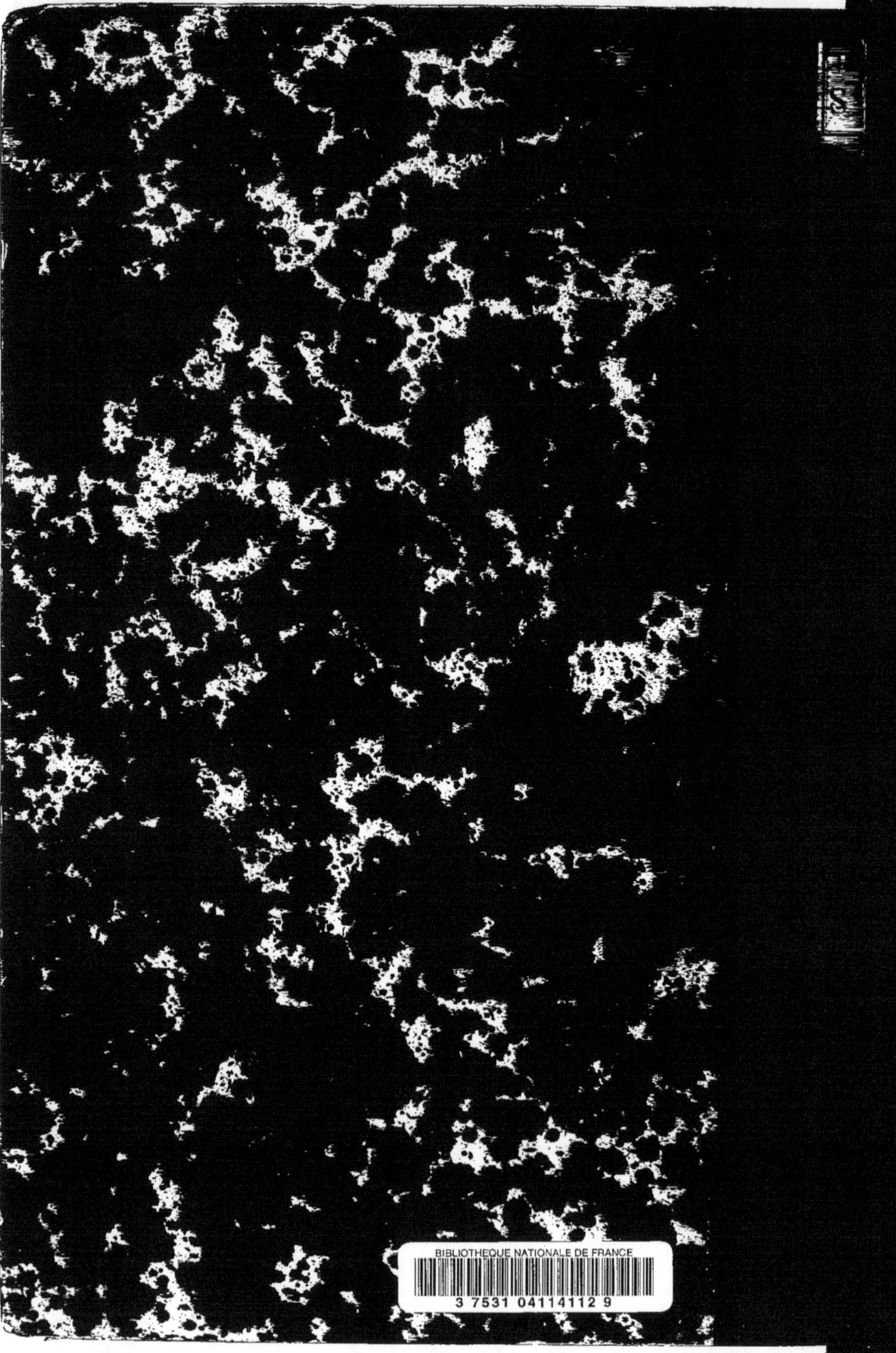

www.ingramcontent.com/pod-product-compliance
Ingram Content Group UK Ltd.
Pitfield, Milton Keynes, MK11 3LW, UK
UKHW012240240726
13966UKWH00003B/1182